KATHARINA SCHLEGL-KOFLER
FOTOGRAFIE: DEBRA BARDOWICKS

Labrador Retriever

Labrador Retriever

KATHARINA SCHLEGL-KOFLER

Fotografie: Debra Bardowicks

Inhalt

VOM LABRADORVIRUS INFIZIERT

Hunde begeisterten mich schon als Kind. In den späten 1970-er Jahren ließen sich meine Eltern endlich dazu überreden. Über ein Inserat landeten wir leider bei einem Hundehändler in der Nähe. Eigentlich wollten wir einen Dalmatiner, doch es gab gerade keine. Wir sollten doch einen Labrador nehmen. Einen was? Das sagte uns nun gar nichts. Aber natürlich zog der knuffige gelbe Welpe aus England, Golden Sun of Kenstaff, bei uns ein. Durch das damals einzige Retrieverbüchlein stieß ich danach erst auf den noch jungen DRC und wurde 1977 Mitglied. Vom Labradorvirus infiziert, kam auch in Zukunft nur noch ein Labi, aber aus VDH-Zucht, infrage. So zog 1989 ein gelber Rüde, Sir Dusty of Rembo's Junior's, ein. Die Dummyarbeit kam langsam auf und auch jagdliche Prüfungen standen auf dem Programm. Als bekennender Gelb-Fan folgte 2002 meine gelbe Hündin, Beaverlodge's Brenda. Die Arbeit ist ihre Passion, und ich führte sie auf Workingtests und jagdlichen Prüfungen. Außerdem ist sie 16-fache Mutter und auch schon Oma. Ganz sicher wird auch der nächste Hund wieder ein gelber Labrador!

KATHARINA SCHLEGL-KOFLER beschäftigt sich seit über 30 Jahren mit Hunden. Seit dieser Zeit begleitet sie immer ein gelber Labrador. In den achtziger und neunziger Jahren organisierte sie im DRC verschiedene Veranstaltungen. 2005 und 2008 züchtete sie dort unter dem Zwingernamen Manyoaks zwei Würfe. Sie ist Autorin zahlreicher Hundebücher und betreibt seit vielen Jahren eine Hundeschule.

Katharina Schlegl-Kofler

DER LABRADOR RETRIEVER

Aufgeweckt, freundlich, gutmütig und immer bestrebt zu gefallen – mit diesen Eigenschaften schleicht sich der Labrador in jedes Herz. Meist reicht schon ein einziger Blick in seine sanften Augen, und man ist ihm verfallen!

Die Geschichte

Wer gerne spazieren geht und einen Blick für Hunde hat,

weiß es längst: Ob gelb, braun oder schwarz – der Labrador ist überall! Mit seiner unkomplizierten Art, seinem stets fröhlichen und freundlichen Wesen, seiner Anhänglichkeit und Menschenbezogenheit hat er von Großbritannien aus seinen Siegeszug um die Welt gestartet. In Deutschland belegte der Labrador in den letzten Jahren stets einen Platz unter den Top Fünf der beliebtesten Rassen, und auch in vielen anderen Ländern steht er ganz oben auf der Beliebtheitsskala der Hunderassen. All die Eigenschaften, die seine Fans heute an ihm lieben, haben ihren Ursprung in seiner Arbeit bei der Jagd, wo es wichtig ist, dass er eng mit seinem Besitzer zusammenarbeitet. Denn seit jeher ist der Labrador ein Jagdgebrauchshund, dessen Aufgabe es ist, geschossenes Wild wie Enten, Fasane oder Karnickel zuverlässig zu finden und rasch zu bringen. Dabei muss er unkompliziert im Umgang mit Menschen sowie Artgenossen sein und gern mit seinem Menschen zusammenarbeiten.

Wie alles begann

Die Geschichte des Labradors begann auf Neufundland, einer kanadischen Insel, die vor der Provinz Labrador liegt. Das Leben dort war wegen des rauen Klimas für Mensch und Tier nicht einfach. Deshalb brauchte man robuste, witterungsunempfindliche Hunde, die auch vor der Arbeit in vereisten Gewässern nicht zurückschreckten – sie waren die Urahnen des Labradors.

Arthur Holland-Hibbert, der 3. Lord Knutsford (1855–1935), war mit seinen Labradors sowohl auf Field Trials, als auch auf Shows erfolgreich. Viele heutige Arbeitslinien-labis sehen noch so aus.

Als erster Europäer gelangte John Cabot 1497 nach Neufundland, als er von Bristol aus einen Weg von Europa nach Asien suchte. Wegen ihrer fischreichen Gewässer wurde die Insel bald zu einem beliebten Ziel für Seefahrernationen. Die Engländer bauten dort eine bedeutende Fischindustrie auf. Aber nicht nur der Fischreichtum lockte, sondern auch die Jagdgründe. Durch den regen Handelsverkehr gelangten unterschiedliche Hunde wie der St. Hubert Hound (eine Art Bloodhound) sowie bracken- und doggenähnliche Tiere auf die Insel. Geschätzt wurden vor allem Wasserhunde. Das waren robuste, witterungsunempfindliche und wasserfreudige Hunde mit zottigem bis locki-

gem Fell, die mit dem rauen Klima keine Probleme hatten. Man setzte sie nicht nur zur Jagd ein, sie halfen auch den Fischern beim Einholen der Netze, apportierten aus den Netzen gefallene Fische und sogar über Bord gegangene Ausrüstungsgegenstände.

Erste gezielte Zucht

Nach und nach begann man bestimmte Eigenschaften und optische Merkmale durch gezielte Zucht zu festigen. So entstanden zwei Typen, die zunächst beide »Newfoundland Dog« genannt wurden. Der eine war ziemlich groß und kräftig mit rauhaarigem Fell. Er wurde hauptsächlich zum Ziehen von Lasten und als eine Art Rettungshund bei der Bergung von Schiffbrüchigen eingesetzt.

Die Aufgabe des kleineren Newfoundland Dog, der auch St. John's Dog genannt wurde, war dagegen die Jagd. Er war meist schwarz, aber auch gelb oder rot, kurzhaarig und kleiner als sein großer Verwandter. Der St. John's Dog war außerdem schneller und wendiger, was ihn zusammen mit seiner ausgezeichneten Nase zu einem hoch geschätzten Jagdhelfer an Land und im Wasser machte. Er suchte ausdauernd, nahm jedes Gelände und noch so kalte Wasser an. Seine Bringfreude war sehr ausgeprägt und er hatte ein »weiches Maul«, trug Wild also so vorsichtig, dass es nicht beschädigt wurde. Nach alten Aufzeichnungen gab es ihn auch langhaarig unter dem Namen Wavy Coated Retriever.

In Neufundland begann die Geschichte des Labrador Retrievers, in Großbritannien die Reinzucht. Von dort aus fand der Labi im späteren 20. Jahrhundert zahlreiche Anhänger in vielen Ländern.

Für die Fischer war dieser Typ eher ungeeignet: Im langen Fell bildete sich Eis und viel Wasser gelangte mit ins Boot.

Der kurzhaarige St. John's Dog ist nach heutigen Erkenntnissen der Ur-Labrador. Erstmals beschrieben hat ihn und den größeren langhaarigen Typ 1814 der passionierte Jäger Colonel Peter Hawker in seinem Bericht »Instructions to young sportsmen«. Er war begeistert von den jagdlichen Fähigkeiten dieser Hunde und davon, dass sie leicht auszubilden waren. Wann und mit wem genau in dieser Zeit die ersten St. John's Dogs nach England gelangten, ist jedoch nicht bekannt. Im Laufe des 19. Jahrhunderts wurden jedoch immer weniger nach England gebracht, denn der Handelsverkehr zwischen England und Neufundland nahm ab. Außerdem erschwerte das Quarantänegesetz, das 1895 in Großbritannien in Kraft trat, den Import von Hunden sehr.

Diese Entwicklungen führten dazu, dass es schließlich fast zu wenig Hunde für die Zucht gab. Gleichzeitig stieg jedoch der Bedarf an Apportierhunden für die Jagd an. Denn durch die Weiterentwicklung der Waffen wurde immer mehr Wild, vor allem Federwild, geschossen. So war man gezwungen, andere Rassen mit ähnlichen Eigenschaften einzukreuzen. Welche das genau waren, lässt sich nicht mehr vollständig rekonstruieren. Alten Aufzeichnungen zufolge waren darunter Water Spaniels, vermutlich auch Pointer.

Ch. Banchory Sunspeck (links, gew. 1917) aus der Zucht von Lorna Countess Howe und seine Tochter Beaulieu Nance (rechts, gew. 1921) waren gute Arbeitshunde und entsprachen dem Rassestandard.

Sein vollständiger Name lautet Labrador Retriever. »Retriever« kommt vom englischen »to retrieve«. Das bedeutet zurückbringen bzw. apportieren – und beschreibt seine ursprüngliche Aufgabe. Tragen und Bringen liegen einem typischen Labrador im Blut.

Die Pioniere der Labradorzucht

Die Labradorzucht lag fast ausschließlich in den Händen der Adelsfamilien. Ihnen gehörten die großen Ländereien, auf denen gejagt wurde. Einer der bedeutendsten Pioniere war der 2. Earl of Malmesbury (1778–1841). Unter dem Zwingernamen »Malmesbury« engagierten er und seine Nachkommen sich fast hundert Jahre für eine möglichst reine Zucht. Die Voraussetzungen dafür waren gut, denn der Earl hatte im Lauf der Zeit viele St. John's Dogs importiert. Einflussreiche Hunde aus dieser Zucht waren Malmesbury Tramp (gew. 1878) und Malmesbury Sweep (gew. 1877), die beide viele bekannte Nachkommen hatten. 1887 nannten die Malmesburys ihre Rasse erstmals »Labrador«. Nicht weniger bedeutend war die Zucht der Familie Buccleuch in Schottland, deren gleichnamiger Zwinger noch heute besteht. Begründer war der 5. Duke of Buccleuch im Jahr 1835, zusammen mit seinem Bruder Lord John Scott und mit Lord Home, der in deren Nähe lebte. Auch sie hatten St. John's Dogs aus Neufundland importiert und bekamen außerdem einige Zuchthunde von den Malmesburys.

Mit Hunden, die auf diese Linien zurückgingen, begann um 1884 Arthur Holland-Hibbert (1855–1935), der spätere 3. Viscount Knutsford, unter dem Zwingernamen »Munden« mit der Zucht. Er war Gründungsmitglied und langjähriger Vorsitzender des englischen Labrador Retriever Clubs. Seine Hündin Munden Single war der erste Labrador, der an einem Field Trial teilnahm. Sein Rüde Munden Sentry war erfolgreich auf Ausstellungen. Beide gehörten zu den Nachkommen der Malmesbury-Rüden. Ebenfalls Gründungsmitglied und Vorsitzende des englischen Labrador Retriever Clubs sowie einflussreiche Züchterin war Lorna Countess Howe mit ihrem Zwinger »Banchory«.

Ziele der Zucht

Ziel der Zucht war ausschließlich der Labrador als Jagdgebrauchshund und die Erhaltung der dafür nötigen Eigenschaften. Das waren – und sind – ein hervorragender Geruchssinn, Ausdauer bei der Arbeit, Unempfindlichkeit gegen Wind und Wetter sowie in schwierigem Gelände und Wasserfreude. Außerdem schätzte man das freundliche Wesen sowie die gute Trainierbarkeit der Hunde, kombiniert mit dem Willen zur Zusammenarbeit mit ihrem Menschen.

Auch körperliche Merkmale kennzeichnen eine Rasse. Sie wurden beim Labrador ebenfalls am jagdlichen Einsatz ausgerichtet: Er durfte weder zu klein noch zu groß sein und musste anstrengende Jagdtage durchhalten können. Ein kräftiger Körperbau half ihm, auch durch sehr unwegsames Gelände zu kommen. Andererseits musste der Hund aber auch mühelos mit einem Stück Wild im Fang über Zäune oder Mauern springen können.

Damit all diese Eigenschaften in der Zucht möglichst einheitlich berücksichtigt werden konnten, wurde 1887 der erste offizielle Rasse-standard aufgestellt. 1904 wurde der Labrador Retriever vom Kennel Club, dem britischen Dachverband in Sachen Hundezucht, als Rasse anerkannt. 1916 wurde der englische Labrador Retriever Club gegründet.

Field Trials

Für eine erfolgreiche Zucht ist es notwendig, zu überprüfen, ob ein Hund alle Anforderungen erfüllt. Zur Beurteilung der jagdlichen Leistung wurden bereits gegen Ende des 19. Jahrhunderts sogenannte Field Trials abgehalten, abgekürzt F. T. Dabei wird während einer Treibjagd die Arbeit der einzelnen Hunde von Richtern bewertet. Gab es bisher Field Trials hauptsächlich mit Pointern, Settern und Spaniels, kamen nun die Retriever dazu. Zunächst waren dort aber überwiegend Flat Coated Retriever zu sehen. 1904 startete der erste Labrador, Munden Single, auf einem Field Trial und beeindruckte mit seiner Arbeit alle, die ihn sahen.1907 belegten die drei teilnehmenden Labradors eines bedeutenden Field Trials auch gleich die ersten drei Plätze. Sieger wurde der Rüde Flapper, der auf die Munden-Linie zurückging. Er war ein bedeutender Deckrüde und außerdem Field Trial Champion. Rasch stieg jetzt die Beliebtheit des Labradors und viele F.T.-Champions folgten, darunter sehr bekannte wie Peter of Faskally, Scandal of Glynn, Banchory Bolo, Banchory Sunspeck und Titus of Whitmore.

Shows

Um das Exterieur, also das Aussehen der Rassehunde, zu überprüfen, wurden ab Mitte des 19. Jahrhunderts in England Hundeausstellungen veranstaltet. Die erste fand 1859 in Newcastle on Tyne statt. Charles Cruft rief 1886 in Birmingham eine Ausstellung ins Leben, die seit 1891 unter dem Namen »Cruft Greatest Dog Show«, kurz »Crufts« bekannt ist und bis heute die bedeutendste Show in Großbritannien ist sowie als größte Hundeausstellung der Welt gilt. Auch Labradorzüchter begannen nun, ihre Hunde auf Shows zu zeigen.

Dual-Purpose-Labrador

In der Labradorzucht waren Leistung und Aussehen stark verknüpft, weil für einen effektiven Einsatz als Apportierhund für die Jagd beides wichtig war. Ziel war deshalb der Dual-Purpose-Labrador, also der Labrador für den »doppelten Zweck« – ein Hund, der in der Lage war, sowohl auf einem Field Trial wie auch im Showring auf vorderen Plätzen zu landen. Erreichte ein Labrador den Championtitel bei Field Trials und auf Shows, war er ein sogenannter Dual-Champion. Nur zehn Labradors erreichten diesen Titel in Großbritannien bis heute. Aber das ist nicht verwunderlich, denn es ist schon nicht leicht, »nur« F.T.- oder Champion auf Ausstellungen zu werden.
Aber es gab viele Labradors, die zwar nicht die Bedingungen für die Vergabe eines Champion-

Bei einer Treibjagd wird das Niederwild (wie Hasen, Karnickel, Fasane) durch Treiber und Stöberhunde »hoch gemacht«. Schützen schießen es dann. Auf Field Trials stehen die Hundeführer mit den Hunden in einer Linie nebeneinander und müssen das Geschehen sehr gut beobachten. Denn die Richter sagen dann, welcher Hund welches Stück Wild holen muss.

Obwohl längst nicht mehr jeder Labrador jagdlich geführt wird, ist er noch immer eine Jagdgebrauchshunderasse und gilt auch heute noch als Spezialist für die Arbeit nach dem Schuss.

titels erfüllten, dennoch in beiden Bereichen sehr gut waren. Sehr um diesen Typ Hund bemüht haben sich unter anderem Lora Countess Howe mit ihrem Zwinger Banchory und der Dritte Lord Knutsford mit Munden. Allein aus dem Kennel von Lora Countess Howe gingen vier Dual-Champions hervor – Banchory Bolo (gew. 1915), Banchory Sunspeck (gew. 1917), Banchory Painter (gew. 1930) und Bramshaw Bob (gew. 1929), den sie zwar nicht gezüchtet hatte, der ihr aber gehörte. Der letzte Dual-Champion war Knaith Banjo (gew. 1946), ein gelber Rüde von Veronica Wormald. Auch in den 1960-er- und 1970-er-Jahren gab es noch Dual-Purpose-Labradors. Ein sehr bekannter Rüde war F. T. Ch. Holdgate Willie (gew. 1969), der 1974 auf der Crufts seine Klasse gewann. Eine bekannte Züchterin, die ihn auch als Deckrüden verwendete, war Susan Scales, die ab 1960 bis zu ihrem Tod im Jahr 2000 unter dem Kennel Manymills züchtete. Viele ihrer

Hunde waren auf Field Trials und auf Shows erfolgreich. Einer davon war Manymills Drake, ein Enkel von Holdgate Willie. Er gewann ein Field Trial und belegte auf Shows mehrmals den ersten Platz. Einer seiner Söhne, Abbeystead Heron's Court (gew. 1985), gezüchtet von Lynn Minchella war Show-Champion, erreichte aber auch gute Platzierungen auf Field Trials. Er ist in vielen Ahnentafeln zu finden und war ein typischer Dual-Purpose-Labrador.

Der Labrador kommt nach Deutschland

Wann der erste Labrador nach Deutschland kam, ist nicht bekannt. Jedenfalls waren es bis zur Gründung des Deutschen Retriever Clubs e. V. (DRC e. V.) im Jahr 1963 nur sehr vereinzelte Exemplare. Für die Jagd spielten Retriever damals keine Rolle, weil es verschiedene deutsche Jagdgebrauchshunderassen gibt, die schon lange für die jagdlichen Anforderungen hierzulande gezielt gezüchtet werden.

Auch bei Gründung des DRC, der heute zuchtbuchführender Verein für alle sechs Retrieverrassen ist, war die Anzahl der Hunde und Mitglieder noch sehr übersichtlich. Die Zahl der registrierten Labradors lag Anfang der siebziger Jahre bei weniger als fünfzig. Es gab nun schon jagdlich geführte Labradors und ab den siebziger Jahren auch jagdliche Prüfungen im DRC. Aber noch immer war die Rasse selten. Sie galt als etwas Besonderes und hatte ein wenig Statussymbolcharakter. Wer den Labrador kannte, hatte ihn meist in den »bunten Blättern« gesehen auf Fotos von Queen Elizabeth II. oder des französischen Präsidenten Giscard d'Estaing mit ihren Labradors.

Jetzt gab es auch erste Züchter. Eine bedeutende darunter ist Dr. Leni Niehof-Oellers, die ihre Zucht unter dem Namen »vom Keien Fenn« 1971 gründete und bis heute züchterisch aktiv ist. Ihr Zuchtziel war zunächst auch der Dual-Purpose-Labrador. Durch die Entwicklungen im Showbereich (→ Seite 22/23) entschied sie sich jedoch schließlich für die Arbeitslinien. Anfang der neunziger Jahre importierte sie den damals schon siebenjährigen F. T. Ch. Tibea Tosh aus England, der ein einflussreicher Deckrüde war und in vielen Ahnentafeln zu finden ist. Außerdem setzte sie sich als Tierärztin und Zuchtwartin des DRC für die Einführung verpflichtender Untersuchungen wie das Röntgen auf Hüftgelenks- und Ellenbogendysplasie oder Augenuntersuchungen ein.

Eine andere Züchterin war Anni Fraas, die bei uns in Oberbayern ab 1970 unter dem Namen »von Wolfbergshusen« züchtete. Einige ihrer Hunde gingen schon damals an den Zoll, wo sie zu Rauschgiftspürhunden ausgebildet wurden. Sie beschrieb mir den Labrador als einen sehr freundlichen Hund, der stets voller Eifer dabei ist, sobald er gebraucht wird, aber »unauffällig« ist, wenn nichts los ist.

Der Labrador wurde bekannter und weitere Zwinger entstanden. Ein Teil der Labradorzüchter gründete 1984 einen eigenen Verein, den Labrador Club Deutschland e. V. (LCD). Im Laufe der Jahre wurden der Labrador und andere Retrieverrassen rasch bekannter und beliebt. War meine Mitgliedsnummer 1977 erst 386, zählt der DRC heute etwa 13 000 Mitglieder. Dazu kommen etwa knapp 3000 im Labrador Club. 2010 fielen in beiden Clubs zusammen 2738 Labradorwelpen.

Der Labrador in anderen Ländern

Neben Großbritannien sind vor allem die USA »Labradorland«. Laut Welpenstatistik des Kennel Clubs fielen in Großbritannien 2010 über 44 000 Labradorwelpen. Im amerikanischen Dachverband, dem American Kennel Club, werden jährlich gut dreimal so viele eingetragen. Die Nummer eins ist der Labrador auch in Kanada und den Niederlanden. Weit vorn rangiert er außerdem in den skandinavischen Ländern und in Frankreich.

Optisch hat sich der Labrador im Lauf der Zeit verändert. Diese Exemplare verkörpern den heutigen Showtyp. Besonders bei Freunden von Hundeausstellungen findet dieser Typ seine Anhänger.

Die anderen Retrieverrassen

Der Labrador ist zwar die verbreitetste, aber nicht die einzige Apportier-hunderasse. Es gibt fünf weitere Retrieverrassen, die Sie nun kennenlernen werden. Vier davon sind eng mit dem Labrador verwandt.

NOVA SCOTIA DUCK TOLLING RETRIEVER

Aus Koojkerhondjes, vermutlich auch Spaniels und Shelties entstand in Kanada ein Hund, der durch verspieltes Verhalten am Ufer Enten in Schuss-weite anlocken sollte (= duck tolling). Waren sie erlegt, musste er sie apportieren. Der »Toller« ist mit den anderen Retrievern entfernt verwandt. Er ist verspielt und fröhlich, kann aber auch stur sein. Deshalb sind bei der Erziehung Beständig-keit und Konsequenz wichtig. Er hat Wachinstinkt und ist Fremden gegenüber eher desinteressiert.

LABRADOR RETRIEVER

Urahn des Labradors ist der St. John's Dog. Da dieser auch bei der Entstehung der vier anderen Retrieverrassen eine wesentliche Rolle spielte, lässt sich trotz unterschiedlichen Aussehens der gemeinsame Ursprung erkennen.

CURLY COATED RETRIEVER

Auch der »Curly«, die älteste Retrieverrasse, stammt aus Großbritannien, ist aber ziemlich selten. Charakteristisch ist sein lockiges Fell, das er von den Wasserhunden hat. Auch der St. John's Dog zählt zu seinen Vorfahren, der Rest liegt im Dunkeln. Der Curly ist schwarz oder leberfarben, anfangs gab es auch eine gelbe Linie, die Farbe setzte sich jedoch nicht durch und ist bis heute nicht erlaubt. Curlys sind spätreife, fröhliche Hunde, die bisweilen ihren eigenen Kopf haben und Wach- und Schutzinstinkt zeigen.

CHESAPEAKE BAY RETRIEVER

Seine Heimat ist die gleichnamige große Bucht im Osten der USA. Urahnen waren wahrscheinlich ein roter und ein schwarzer St. John's Dog, die wiederum vermutlich mit Curlys, Flats, Water Spaniels und Settern gekreuzt wurden. Diese ebenfalls eher seltene Retrieverrasse arbeitet auch noch unter extremsten Wetterbedingungen und wenn andere Retriever schon aufgeben. Chessies sind fröhlich, spätreif, Fremden gegenüber eher reserviert und zeigen Schutz- und Wachinstinkt. Es gibt sie in diversen Brauntönen.

FLAT COATED RETRIEVER

Der »Flat«, eine ebenfalls britische Rasse, entstand aus damaligen schwarzen Irischen Settern, die man mit St. John's Dogs und collieähnlichen Hunden kreuzte. Im 19. Jahrhundert war er der bekannteste Retriever. Der Flat ist freundlich und lernt gern. Er ist ziemlich lebhaft und temperamentvoll, was bei seiner Erziehung Geduld, Ruhe und Konsequenz erfordert. Flat Coated Retriever sind schwarz oder leberfarben. Bisweilen gibt es gelbe Exemplare, Gelb gilt beim Flat allerdings als Fehlfarbe, ist also nicht erlaubt.

GOLDEN RETRIEVER

Seine Vorfahren waren gelbe Wavy Coated Retriever, wahrscheinlich die langhaarige Variante des St. John's Dog. Sie wurden ebenfalls vom Adel nach England importiert und dort mit leberfarbenen Tweed Water Spaniels, schwarzen Retrievern und einem sandfarbenen Bloodhound gekreuzt. Letztlich wurde nur mit gelben langhaarigen Hunden weitergezüchtet. Der Golden ist sanftmütig und aufgeschlossen, im Vergleich zum Labrador insgesamt etwas weniger temperamentvoll. Vor dem Labrador war er viele Jahre Modehund Nummer eins, was einer Rasse nicht guttut.

Die Rasse heute

War der Labrador lange Zeit ausschließlich ein Jagdgebrauchshund der reichen Oberschicht, änderte sich das etwa ab Mitte des 20. Jahrhunderts, und er fand in seinem Heimatland auch außerhalb des Adels immer mehr Anhänger. Das lag daran, dass sich der Lebensstandard zunehmend verbesserte und sich nun auch »normale« Leute sowohl die Haltung von Rassehunden wie auch die Jagd leisten konnten. Doch nicht nur in Jägerkreisen wurde der Labrador immer beliebter. Das freundliche und unkomplizierte Wesen, die Leichtführigkeit und der »Will-to-please«, also die Veranlagung, sich eng an seinem Menschen zu orientieren, machten den Labrador nun auch als reinen Begleithund für Nichtjäger immer populärer. Außerdem gab es noch andere Bereiche, in denen er sich bewährte. Durch seine angenehme und gelehrige Art war er nämlich bestens zum Blindenführhund und Begleithund für behinderte Menschen auszubilden.

Die Aufspaltung der Rasse

Nicht mehr jeder, der durch die zunehmende Bekanntheit auf den Labrador kam, hatte also etwas mit der Jagd am Hut. Manchen machte das Ausstellen Spaß, andere wollten einen reinen Familienhund.

Trotz der Auseinanderentwicklung der Linien liegen die jagdlichen Fähigkeiten auch einigen Showlinienzüchtern am Herzen.

Es züchteten nun auch Labradorliebhaber, die keine Verbindung zur Jagd hatten. So begann in Großbritannien ab den dreißiger Jahren des 20. Jahrhunderts langsam, aber sicher die Aufspaltung der Rasse in die sogenannten Showlinien – gelegentlich auch Standardlinien genannt – einerseits und die Arbeitslinien andererseits – manchmal auch Field-Trial-Linien genannt. Viele kritische Stimmen warnten damals davor, die Rasse aufzuspalten und die Arbeitseigenschaften in den Hintergrund treten zu lassen. Um wenigstens zu verhindern, dass Hunde ohne rassetypische Arbeitseigenschaften nur durch Showerfolge Champion werden können, wurde die Erlangung dieses Titels zeitweilig an das Bestehen einer Arbeitsprüfung gekoppelt. Dort musste der Labrador zeigen, dass er schussfest ist, Wild weichmäulig bringt und beim Suchen und Bringen genügend Passion zeigt.

Von der Arbeits- zur Showlinie
Trotz aller Gegenbemühungen war die Auseinanderentwicklung der Rasse in diese beiden Richtungen aber nicht mehr aufzuhalten. Auf Shows trat das Aussehen, losgelöst vom Verwendungszweck als Jagdgebrauchshund, immer stärker in den Vordergrund, im Arbeitsbereich stieg das Leistungsniveau kontinuierlich an. Es gab immer mehr Show-Richter, die keinen Bezug zur Jagd hatten und somit die Hunde nicht unbedingt nach den notwendigen körperlichen Voraussetzungen für anstrengende Jagdtage beurteilten. Obwohl der ursprüngliche Rassestandard in nur wenigen Punkten leicht verändert wurde, einmal 1950 und einmal 1986, wurde er doch nach und nach anders ausgelegt. Der Showtyp veränderte sich mehr und mehr. Zunehmend schwerere Hunde wurden im Ausstellungsring prämiert. Wer auf Shows erfolgreich sein wollte, züchtete nun in dieser Richtung weiter. Bekannte Zwingernamen der letzten dreißig Jahre sind unter anderem Poolstead, Charway, Kupros, Lawnwood, Fabracken und Rocheby.
Arbeitslinienhunde verschwanden dagegen immer mehr aus dem Showring, weil sie wegen ihres leichteren Körperbaus kaum mehr Chan-

Die Veränderung im Aussehen ergab sich durch eine andere Auslegung des Rassestandards. Obwohl dieser im Wortlaut nahezu unverändert geblieben ist. Hier die Köpfe einer typischen Showlinienhündin (oben) und eines -rüden.

cen auf gute Bewertungen hatten. Auf Field Trials waren dagegen zunehmend nur noch Hunde aus Arbeitslinien den Anforderungen gewachsen. Bekannte Namen der letzten dreißig, vierzig Jahre sind beispielsweise Drakeshead, Pocklea, Swinbrook, Halstead, Birdbrook, Blackharn und viele mehr.

Mit dieser Entwicklung wurde es letztlich eng für den Dual-Purpose-Labrador. Denn Hunde, die sowohl auf Field Trials als auch auf Shows gute Leistungen zeigen konnten, wurden selten. Leider wurden erfolgreiche Dual-Purpose-Hunde von Züchtern oft weitgehend ignoriert. So wurde der hauptsächlich aus Showlinien stammende F. T. Ch. Stratfieldsaye Calcot Strossbow (gew. 1970) kaum als Deckrüde genutzt – weder von Showlinien- noch von Arbeitslinienzüchtern. F. T. Ch. Holdgate Willie wurde trotz seines Erfolges auf der Crufts fast nur von Arbeitslinienzüchtern eingesetzt. Einer der letzten echten Dual-Purpose-Labradors war der bereits erwähnte Holdgate-Willie-Enkel Abbeystead Heron's Court (gew. 1985). Dual-Champions gab es schon seit Knaith Banjo (gew. 1946) keinen mehr.

In der heutigen Zeit gibt es wieder vermehrt kritische Stimmen unter den britischen Züchtern und Richtern, die an das ursprüngliche Zuchtziel erinnern und mahnen, dieses nicht aus den Augen zu verlieren. Der Kennel Club hat 2009 sogar den Rassestandard um einige Bemerkungen ergänzt, die darauf hinweisen,

jegliche Übertreibungen, die sich negativ auf Gesundheit und Funktionsfähigkeit auswirken können, zu vermeiden und als Fehler anzusehen. So hatte beispielsweise der Trend zu immer größeren und schwereren Hunden eine geringere Belastbarkeit zur Folge. Zumindest auf dem Papier ein kleiner Schritt wieder in Richtung »form follows function«.

Die Entwicklung in Deutschland

Die Trennung in Show- und Arbeitslinie setzte sich natürlich auch in den anderen Ländern fort. Auch in Deutschland gibt es die beiden »Lager« und immer wieder Diskussionen darüber, wie gut oder schlecht sich das langfristig auf die Rasse auswirkt. Die Ergänzungen im britischen Standard wurden Anfang 2012 in der deutschen Übersetzung eingefügt.

Es gibt aber nicht nur reine Showlinien- oder reine Arbeitslinienhunde. In vielen Ahnentafeln finden sich beide Typen in unterschiedlichster Ausprägung.

Unterschiede zwischen Show- und Arbeitslinienhunden

Vielleicht fragen Sie sich, wie es bei einem einzigen Standard eine solche Unterscheidung geben kann, denn ein Labrador ist doch ein Labrador? Im Folgenden erfahren Sie, welche Unterschiede sich aus einer veränderten Auslegung des Standards sowie aus unterschiedlichen Zuchtzielen ergeben haben.

»Will-to-please« bedeutet so viel wie »gefallen wollen« und ist eins der charakteristischsten Merkmale des Labradors. Ein Labrador mit Will-to-please arbeitet eng mit seinem Menschen zusammen und ist bestrebt, alles richtig zu machen.

Das Aussehen

Zunächst wird Ihnen das unterschiedliche Aussehen auffallen:

• Viele Arbeitslinienhunde sehen dem ursprünglichen Labradortyp ähnlich. Sie sind kräftig und muskulös, aber nicht massig, die Köpfe sind leichter, der Stopp, also der Übergang von der Schnauze zur Stirn, ist nicht ganz so ausgeprägt. Manchen fehlt jedoch das typische Aussehen eines Labradors. Ein sehr zierlicher Labrador, mit sehr leichtem Knochenbau, einem eher spitzen oder langen Fang entspricht auch dem früheren Standard nicht.

• Showlinienhunde sind gedrungener und haben deutlich mehr Substanz. Der Kopf ist schwerer und breiter, der Fang oft relativ kurz. Im Vergleich zu denen vieler Arbeitslinienhunde sind ihre Läufe kürzer. Nicht alle Showlinienhunde haben jedoch denselben Körperbau. Es gibt massigere Vertreter, die körperlich nicht mehr in der Lage wären, anstrengende Jagdtage durchzuhalten und in unwegsamem Gelände zu arbeiten, aber auch weniger stämmige Hunde, die durchaus agil sind.

Das Wesen

Neben der Optik unterscheiden sich Hunde der beiden Zuchtrichtungen vor allem im Wesen und ihren Eigenschaften.

• Labradors aus Arbeitslinien sind meist sehr auf ihren Menschen fixiert. Fremden gegenüber sind sie zwar freundlich, aber oft weniger an ihnen interessiert. Sie sind leichtführig und zeigen eine große Unterordnungsbereitschaft. Zur Zusammenarbeit muss man sie nicht erst motivieren, sondern sie bieten sie von sich aus an, weil sie den schon erwähnten »Will-to-please« haben. Arbeitsfreude, Finderwillen und Bringfreude sind ebenfalls sehr ausgeprägt, im Gelände zeigen sie große Härte, lassen sich also nicht von Widrigkeiten wie stacheligen Gebüschen von ihrer Arbeit abhalten. Es gibt natürlich auch Ausnahmen.

Durch die hohe Führigkeit sind sie relativ sensibel und leicht zu beeindrucken. Das erfordert bei Erziehung und Ausbildung ein gutes Einfühlungsvermögen und die richtige Einschätzung des Hundes. Manchmal ist die Sensibilität zu ausgeprägt: Die Folgen sind mehr oder weniger Unsicherheit oder Misstrauen gegenüber Fremden und/oder der Umwelt.

Trotz ihres Temperaments und ihrer Schnelligkeit müssen sie »steady« sein. Das heißt, sie haben genug innere Ruhe, um auch bei hoher Reizlage wie etwa Schüssen, Wasser, fliegenden Enten oder Dummys absolut ruhig und »unaufgeregt« auf ihren Einsatz zu warten. Hat der Hund jedoch zu viel Arbeitspassion und/oder wird im Training zu wenig Wert auf Ruhe gelegt, leidet die Standruhe. Unerwünschte Eigenschaften wie Winseln, Ungeduld, Nervosität oder Hartmäuligkeit können dann die Folgen sein. Solche Hunde brauchen ein ruhiges und sorgfältiges Training.

• Bei Labradors aus Showlinien gibt es eine große Bandbreite. Da die Arbeitseigenschaften in vielen Linien kein Schwerpunkt in der Zucht sind, gibt es alle Varianten von Hunden mit guten Anlagen für die Arbeit bis zu solchen, denen Arbeitspassion und Bringfreude gänzlich fehlen. Manche haben sehr viel Temperament, andere sind ausgesprochen ruhig und weniger aktiv. Die Führigkeit ist in aller Regel weniger ausgeprägt, die Unterordnungsbereitschaft ebenfalls. Viele Showlinienhunde verhalten sich eher eigenständig und haben ihren eigenen Kopf. Umweltreizen gegenüber sind sie meist sehr sicher, Fremden gegenüber zeigen sie sich ausgesprochen freundlich und kontaktfreudig. Da sie insgesamt weniger leicht zu beeindrucken

und verunsichern sind, erfordern Erziehung und Ausbildung oft mehr Durchsetzungsvermögen des Besitzers. Dafür nimmt ein Labrador aus Showlinien Fehler seines Zweibeiners im Umgang nicht so schnell übel. Aber es gibt natürlich auch hier Ausnahmen.

Und der Dual-Purpose-Labrador?

Es gibt durchaus Züchter, die sich auch heute noch um diesen ursprünglichen und vielseitigen Typ bemühen. Aber weniger mit dem Ziel, in beiden Bereichen auf vorderen Plätzen zu landen, sondern einfach, um kein Extrem in die eine oder andere Zuchtlinie zu fördern, sondern aber einen Labrador mit allen rassetypischen Eigenschaften zu haben.

Ob Labradors wie diese aus Show- oder Arbeitslinien stammen, lässt sich meist auch am Aussehen erkennen. Wirklich aussagekräftig sind letztlich aber nur die Vorfahren in der Ahnentafel.

Linien und Zuchtarten

Show- und Arbeitslinien, »jagdliche Leistungszucht« oder »Standardzucht« – für die meisten Labradoranfänger sind diese Dinge anfangs sehr verwirrend. All diese Punkte betreffen nur Labradors aus dem Deutschen Retriever Club und dem Labrador Club Deutschland und solche aus entsprechenden ausländischen Retrieverzuchtvereinen, die der Federation Cynologique Internationale (FCI) angehören.

Show- oder Arbeitslinie?

Woran lässt sich eigentlich erkennen, aus welcher Linie ein Labrador stammt? Am Aussehen oder Verhalten allein nicht, denn nicht jeder leichter gebaute Labrador stammt aus Arbeitslinien, nicht jeder weniger führige Rassevertreter muss aus Showlinien sein. Letztlich bringt nur ein Blick in die Ahnentafel Aufschluss über die Herkunft. Ein Kriterium sind die Zwingernamen der Vorfahren, die aber einem Anfän-

ger zunächst auch nichts sagen. Aber bestimmte Titel der in den Ahnentafeln aufgeführten Hunde geben klare Hinweise. So finden Sie bei Hunden aus Showlinien häufig Championtitel vor dem Namen von Vorfahren, beispielsweise:

• Show-Champion (Sh. Ch.)
• Jugendchampion (Jgd. Ch.)
• Champion (Ch.)
• Europasieger
• Clubsieger

Stammt der Hund aus Arbeitslinien, finden Sie bei den Vorfahren häufig die Zusätze
• Field Trial Champion (F. T. Ch.)
• Field Trial Winner (F. T. Winner)
• Arbeitschampion (Arb. Ch.)
Hat ein Labrador Vorfahren aus beiden Linien, finden Sie Zusätze aus beiden Bereichen.

Die Zuchtarten

Etwas ganz anderes sind die Zuchtarten, bei denen zwischen Standard- oder jagdlicher Leistungszucht unterschieden wird. Das hat nichts mit den Linien zu tun, sondern sagt etwas darüber aus, ob und welche jagdlichen Prüfungen die Eltern bzw. Großeltern abgelegt haben.
• »Standardzucht«: Einem Elternteil oder beiden fehlen bestimmte jagdliche Prüfungen. Die Hunde können aber beispielsweise trotzdem aus Arbeitslinien sein oder nichtjagdliche Prüfungen wie etwa im Dummysport abgelegt haben. Sie sehen, die für Showlinien manchmal gebräuchliche Bezeichnung »Standardlinie« hat nichts mit »Standardzucht« zu tun. Auf den ersten Blick ist das gar nicht so einfach!
• »Jagdliche Leistungszucht« (DRC) oder »Jagdliche Zucht« (LCD): Beide Eltern, egal aus welcher Linie, müssen mindestens eine Bringleistungsprüfung (BLP) abgelegt haben. Im LCD reicht dafür auch eine Jagdeignungsprüfung (JEP).
• »Spezielle jagdliche Leistungszucht« (DRC) oder »Leistungszucht« (LCD): Hier müssen nicht nur die Eltern, sondern auch alle Großeltern eines Hundes, unabhängig von der Linie, entsprechende jagdliche Prüfungen, mindestens eine BLP, absolviert haben.

Linien und Zuchtarten – Hinweise auf den Jagdinstinkt?

Der Labrador muss auf Jagden stets ruhig warten und arbeitet erst nach dem Schuss. Er wurde nicht dafür gezüchtet, Wild aufzustöbern oder zu hetzen. Daher verhalten sich die Hunde Wild gegenüber in der Regel gelassener als viele andere Jagdgebrauchshunderassen wie Deutsch Drahthaar oder Beagle.
Es liegt aber in der Natur der Sache, dass es hinsichtlich der Ausprägung des Jagdinstinktes eine gewisse Bandbreite gibt, die weder von der Linie noch von abgelegten Prüfungen abhängt, sondern von der individuellen Veranlagung. Es gibt viele Rassevertreter, deren »Jagdmodus« wirklich nur im Kontext mit einer echten Jagdsituation samt Jäger, Flinten usw. angeschaltet ist und die außerhalb dieser typischen Situation auch angesichts von Wild völlig gelassen bleiben. Dann gibt es die passionierten Jäger, die auf jedem Spaziergang die Umgebung scannen und bei mangelndem Gehorsam ihre Besitzer ruckzuck mit einem »Ich bin dann mal weg« überraschen. Gelegentlich gibt es auch Labradors, deren Interesse an Wild grundsätzlich wenig ausgeprägt ist oder gänzlich fehlt. Das ist jedoch nicht rassetypisch.

Zuchtarten sagen nur etwas über bestimmte Prüfungen der Vorfahren aus. Nichts aber darüber, ob ein Labrador aus Show-, Arbeitslinien oder, wie diese drei, eine Mischung aus beiden ist.

Meine Geschichte

In meiner Kindheit und Jugend erlebte ich in meinem näheren Umfeld immer wieder Hunde verschiedener Rassen. Wenn ich selbst aber an einen Hund dachte, dann dachte ich immer an einen Labrador Retriever. Ein Hund war für mich ein Labrador und nichts anderes.

Mit Jo und Paula besucht Ulrike Weber gern Ausstellungen und ist dort besonders mit Jo recht erfolgreich. Aber auch die retrieverspezifische Beschäftigung ihrer Hunde liegt ihr am Herzen.

Eine Reise nach England Anfang der 1970-er Jahre festigte diesen Gedanken, denn wir trafen in den Häusern unserer Gastfamilien immer wieder Labrador Retriever. Mir ist die Art, wie diese Hunde dort lebten und sich bewegten, in Erinnerung geblieben – besonders ihr gelassenes, freundliches Wesen und ihre überschwängliche Lebensfreude.

Viel später, als meine familiäre Situation es erlaubte, über einen eigenen Hund nachzudenken, war es deshalb auch gar keine Frage, welche Rasse es sein sollte!

Unser erster gelber Labrador kam aus einer Notvermittlung zu uns. Dieser Hund hatte bis dahin praktisch nur auf dem Sofa gelebt und nicht viel von der Umwelt gesehen. Er war wenig erzogen, verwöhnt und übergewichtig. Bei seinen Vorbesitzern »lief er so nebenher«, er wurde versorgt, aber man beschäftigte sich nicht mit ihm. Er konnte nie lernen, eine Bindung zu Menschen aufzubauen – im Gegenteil, er hatte gelernt, sich selbst zu genügen.

Mit seinem neuen Leben mit viel Auslauf auf unserem Hof mit Pferden und anderen Tieren war er zuerst ziemlich überfordert. Seine Eigenständigkeit in Kombination mit seinen Jagdhundgenen führte dazu, dass er dauernd auf Schnüffeltour in der Umgebung unterwegs war, und wir ihn sehr oft irgendwo abholen oder suchen mussten.

Mit einer Labradorhündin, die nicht viel später als Welpe zu uns kam, habe ich erfahren, dass es auch ganz anders sein kann. Ich habe mich von Anfang an viel mit ihr beschäftigt und unsere gemeinsamen Unternehmungen und Übungen haben dieser jungen Hündin so viel Freude gemacht, dass sie mir nicht von der Seite gewichen ist. Mit ihr habe ich eindrucksvoll erlebt, wie viel Spaß diese Hunde am Lernen haben und dass sie gefordert werden wollen. Diese Hündin hat mir gezeigt, wie sehr der Labrador dazu bereit ist, sich an den Menschen zu binden, der ihm Führung gibt und mit dem er schöne gemeinsame Erlebnisse hat und kleine Abenteuer im Alltag bestehen kann.

Das war vor 20 Jahren und seitdem leben Labrador Retriever in unserer Familie. Diese wunderbaren, liebenswerten Hunde haben unser Leben in einer Weise verändert, wie wir es damals nicht ahnten.

Nach diesen beiden sehr unterschiedlichen Erfahrungen waren wir wieder auf der Suche nach einem Welpen und inzwischen stand fest, dass für uns nur noch ein Welpe aus einer seriösen FCI-Zucht infrage kommt. Es wurde eine Hündin aus einer Schweizer Zucht, die uns 13 Jahre lang als Familienhund nur Freude bereitet hat. Sie war überall dabei, liebte es, uns auf ausgedehnten Bergwanderungen zu begleiten, durch die Wälder zu streifen, vom Boot aus in den See zu springen und am Strand zu warten, bis endlich jemand ein Stück ins Meer schwimmen würden, den sie dann begleiten konnte. Sie hat es außerdem mit ihrer freund-

Einmal Labrador, immer Labrador ist auch für Ulrike Weber die Devise. Sie genießt das Zusammenleben mit ihren Hündinnen und möchte sie, wie auch die Beschäftigung mit ihnen nicht mehr missen.

ULRIKE WEBER ist mit Unterbrechungen seit 1997 Mitglied im DRC, seit 2006 im LCD. Außerdem ist sie in den britischen Labradorclubs LRC (The Labrador Retriever Club), MCLRC (Midland Counties Labrador Retriever Club) und LCoS (Labrador Club of Scotland). Seit 2008 züchtet Ulrike Weber im LCD unter dem Namen Fair-Friends Showlinien-Labradors. Sie arbeitet mit ihren Hunden und besucht regelmäßig Ausstellungen. Außerdem ist sie Jagdscheininhaberin und Tierpsychologin für Hunde und seit 2010 in der Welpen- und Junghundeausbildung tätig.

lichen, sanften Art geschafft, Menschen, die Angst vor Hunden hatten, vom Gegenteil zu überzeugen. Typisch Labrador!

Mit einer weiteren Hündin, die inzwischen als Welpe dazugekommen war, schlugen wir wieder neue Kapitel auf: Wir entdeckten das Ausstellungswesen und das Züchten. Sie hatte einige schöne Erfolge auf der Ausstellung und außerdem hervorragende Gesundheitsergebnisse, sodass ich meinen lang gehegten Wunsch realisieren konnte, eine eigene Zuchtstätte zu gründen. Wir haben bis jetzt drei Würfe aufgezogen, und es ist jedes Mal ein unbeschreibliches Erlebnis, die kleinen Labiwelpen mit ihrem unglaublichen Charme um sich zu haben.

Auch meine junge Hündin hat mir wieder neue Welten eröffnet, denn sie ist trotz Showlinien-Abstammung und sehr guten Erfolgen auf der Ausstellung eine Arbeiterin. Durch sie kam ich dazu, den Jagdschein zu machen und sie auf jagdlichen Prüfungen zu führen.

Ich bin gespannt, wie meine »Hundegeschichte« weitergehen wird – aber ein Leben ohne unsere geliebten Labrador Retriever können wir uns nicht mehr vorstellen, und wir sind sehr dankbar, mit diesen wunderbaren Hunden zusammenleben zu dürfen.

Ulrike Weber
FairFriends Labrador Retriever

Der FCI-Standard

Die verbindlichen Rassestandards aller anerkannten Hunderassen, so auch der Standard des Labradors, sind bei der größten kynologischen Dachorganisation hinterlegt, der Federation Cynologique Internationale (FCI) mit Sitz in Belgien.

Der derzeit gültige Rassestandard stammt aus dem Jahr 1987 und wurde zum 20. Januar 2012 ergänzt. 1987 wurden erstmals auch einige Formulierungen zum Wesen in den Standard aufgenommen und der Punkt »Stopp« von ursprünglich »leicht« über »betont« (1950) in »deutlich ausgeprägt« geändert.
Der Labrador gehört zur FCI-Gruppe 8 (Apportierhunde, Stöberhunde und Wasserhunde).

ALLGEMEINES ERSCHEINUNGSBILD:
Kräftig gebaut, kurz in der Lendenpartie, sehr rege (welches übermäßiges Gewicht oder Substanz aussschließt); breiter Oberkopf; Brust und Rippenkorb tief und gut gewölbt; breit und stark in Lende und Hinterhand.

VERHALTEN/CHARAKTER (WESEN):
Ausgeglichen, sehr aufgeweckt. Vorzügliche Nase, weiches Maul; begeisternde Wasserfreudigkeit. Anpassungsfähiger, hingebungsvoller Begleiter. Intelligent, eifrig und willig, mit großem Bedürfnis, seinem Besitzer Freude zu bereiten. Von freundlichem Naturell, mit keinerlei Anzeichen von Aggressivität oder deutlicher Scheue.

KOPF:

OBERKOPF:
Schädel: Breit, gut modelliert ohne fleischige Backen.
Stopp: Deutlich ausgeprägt.

GESICHTSSCHÄDEL:
Nasenschwamm: Breit, gut ausgebildete Nasenlöcher.
Fang: Kraftvoll, nicht spitz.
Kiefer/Zähne: Kiefer von mittlerer Länge; Kiefer und Zähne kräftig mit einem perfekten, regelmäßigen und vollständigen Scherengebiss, wobei die obere Schneidezahnreihe ohne Zwischenraum über die untere greift und die Zähne senkrecht im Kiefer stehen.
Augen: Mittelgroß, dabei Intelligenz und gutes Wesen zeigend, braun oder haselnussfarben.
Ohren: Nicht groß oder schwer, dicht am Kopf anliegend, hoch und ziemlich weit hinten angesetzt.

HALS:
Trocken, stark, kraftvoll, in gut gelagerte Schultern übergehend.

KÖRPER:
Rücken: Obere Linie gerade.
Lendenpartie: Breit, kurz und kräftig.
Brust: Von guter Breite und Tiefe, stark gewölbter, »fassförmiger« Rippenkorb. Dieser Eindruck darf nicht durch übermäßiges Gewicht erreicht werden.

RUTE:
Kennzeichnendes Merkmal, sehr dick am Ansatz, sich allmählich zur Rutenspitze verjüngend, mittellang, ohne Befederung, jedoch rundherum stark

Die Otterrute ist ein typisches Rassemerkmal. Sie sorgt für Stabilität, wenn der Hund etwa mit einem Hasen über ein Hindernis springt oder eine Ente aus strömungsreichem Gewässer bringt.

mit kurzem, dickem und dichtem Fell bedeckt, damit in der Erscheinung »rund«, dies wird mit »Otterschwanz« umschrieben. Kann fröhlich, sollte jedoch nicht gebogen über dem Rücken getragen werden.

GLIEDMASSEN
VORDERHAND:
Vorderläufe mit kräftigen Knochen und vom Ellenbogen zum Boden gerade, sowohl von vorne als auch von der Seite betrachtet.
Schultern: Schulterblätter lang, schräg liegend.

HINTERHAND:
Gut ausgebildet, zur Rute hin nicht abfallend. Kniegelenke: Gut gewinkelt. Sprunggelenke: Tiefstehend. Kuhhessigkeit im höchsten Maße unerwünscht.

PFOTEN:
Rund, kompakt; gut aufgeknöchelt und mit gut ausgebildeten Ballen.

GANGWERK:
Frei, raumgreifend, dabei in Vor- und Hinterhand gerade und parallel.

HAARKLEID
Haar:
Kennzeichnendes Merkmal, kurz, dicht, nicht wellig, ohne Befederung, fühlt sich ziemlich hart an; wetterbeständige Unterwolle.
Farbe:
Einfarbig schwarz, gelb oder leber/schokoladenbraun. Gelb reicht von hellcreme bis fuchsrot. Ein kleiner weißer Brustfleck ist statthaft.

GRÖSSE
Ideale Widerristhöhe: **Rüden 56–57 cm, Hündinnen 54–56 cm.**

FEHLER:
Jede Abweichung von den vorgenannten Punkten muss als Fehler angesehen werden, dessen Bewertung in genauem Verhältnis zum Grad der Abweichung stehen sollte.

Anmerkung:
Rüden müssen zwei offensichtlich normal entwickelte Hoden aufweisen, die sich vollständig im Hodensack befinden.

Ein typischer Labrador-kopf wirkt insgesamt »rund«. Der Oberkopf ist breit, der Fang nicht zu lang und spitz zulaufend. Dunkle Augen verleihen dem Labi einen besonders sanften Ausdruck.

Stopp deutlich
ausgeprägt

Oberkopf breit,
ohne fleischige Backen

Kraftvoller Fang,
nicht spitz

Hals trocken
und kraftvoll

Haarkleid kurz,
dicht, mit wetter-
beständiger Unterwolle

Pfoten
kompakt und rund

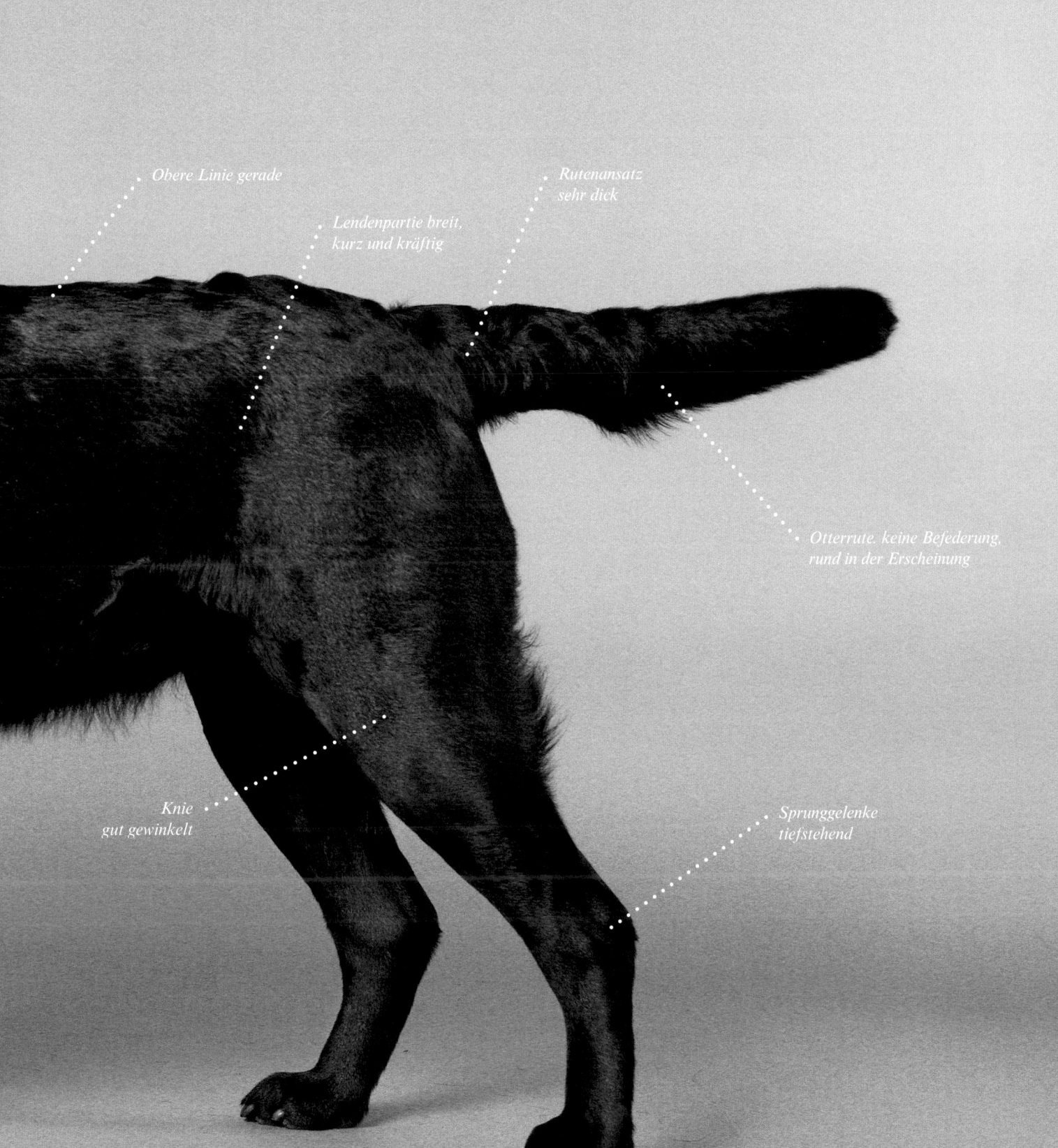

Obere Linie gerade

*Lendenpartie breit,
kurz und kräftig*

*Rutenansatz
sehr dick*

*Otterrute, keine Befederung,
rund in der Erscheinung*

*Knie
gut gewinkelt*

*Sprunggelenke
tiefstehend*

Die Farben

Sie konnten es auf den Seiten 18 und 19 über die Verwandtschaft des Labradors schon lesen: Die Farben Schwarz, Gelb und Chocolate/Leberfarben/Braun – und nur sie – traten schon zu Beginn der Reinzucht praktisch bei allen vier britischen Retrieverrassen auf. Es gilt als gesichert, dass die Anlagen für Gelb und Braun bereits mit den St. John's Dogs »importiert« wurden. Hätte es in Großbritannien noch andere einheitliche Farben im Laufe der Reinzucht des Labradors gegeben, gäbe es entsprechende Hinweise in der Literatur sowie Fotos.

Labradors sind immer einfarbig, auch wenn die Eltern verschiedene Farben haben. Welpen eines Wurfes müssen nicht alle dieselbe Farbe haben. Sogar dreifarbige Würfe sind möglich.

Beim Golden wurde sehr bald nur mit Gelb weitergezüchtet, beim Flat selektierte man letztlich auf Schwarz und Leberfarben, beim Curly sind ebenfalls nur Schwarz und Leberfarben zugelassen. Beim Labrador sind alle drei Farben und nur diese anerkannt. Obwohl es diese Farben schon immer gab, war eine Zeit lang nur Schwarz anerkannt. Doch auch die beiden anderen Farben hatten schon immer ihre Anhänger. Die Farben Silver und Charcoal, die beim Labrador außerhalb der FCI/VDH-Zucht in letzter Zeit gelegentlich auftauchen, sind nicht während der Reinzucht der Rasse entstanden und deshalb nicht von der FCI anerkannt. Sie kommen vorrangig aus den USA und sind vermutlich durch die Einkreuzung anderer Rassen entstanden.

Die Farbe Schwarz

Schwarz ist beim Labrador von jeher die weitaus häufigste Farbe, weil sie sich dominant vererbt. Es ist ein tiefes, gleichmäßiges Schwarz, das das Fell deutlich glänzen lässt. Vor allem in den Arbeitslinien ist Schwarz mit Abstand die häufigste Farbe.

Die Farbe Gelb

Obwohl es den St. John's Dog schon zu Anfang auch in anderen Farben gegeben hatte, war lange Zeit nur der schwarze Labrador erwünscht. Die Farbe Gelb wird außerdem rezessiv vererbt und ist deshalb weniger häufig.

1899 wurde Major Charles Radclyffe's Ben of Hyde geboren – der erste gelbe Labrador, der im Kennel Club offiziell registriert wurde. 1915 gründete Veronica Wormald ihren Zwinger »Knaith«, der in der Zucht gelber Labradors sehr bedeutend war. Sehr einflussreich war ihr Rüde Knaith Banjo. Er und der ebenfalls bedeutende Deckrüde Staindrop Saighdear (gew. 1944) von Edgar Winter waren die einzigen gelben Dual-Champions.

Um den gelben Labrador zu fördern, wurde 1924 der Yellow Labrador Retriever Club gegründet, dessen Vorstand für viele Jahre bis zu seinem Tod Major Wormald war, danach folgte Veronica Wormald. Anfangs gab es für den gelben Labrador sogar einen eigenen Standard in der FCI. Da aber alle Labradors denselben Ursprung haben, wurde dieser vom Kennel Club nicht anerkannt. Der Club besteht auch heute noch mit denselben Zielen wie zur Zeit seiner Gründung.

Wie Sie bereits im Rassestandard lesen konnten, reicht Gelb von Hellcreme bis Fuchsrot. Bei gelben Labradors ist die Farbe außer bei den ganz hellen und den wirklich fuchsroten (also nicht dunkelgelben) oft nicht ganz gleichmäßig. Die Ohren, der Nasenrücken und die Rückseite der Hinterbeine sind meist dunkler als der Rest. Die Unterwolle ist häufig deutlich heller als das Deckhaar. Das Pigment, also die Farbe der Ballen, der Lefzen, der Nase und um die Augen sollte möglichst dunkel sein. Viele gelbe Labra-

Durch den St.-John's-Dog gab es bei allen vier britischen Retrieverrassen die drei Farben Schwarz, Gelb und Braun. Aber nur beim Labrador wurden alle drei weiter gezüchtet und im Standard verankert.

dors haben eine »Wechselnase«, die im Sommer dunkler ist und sich im Herbst und Winter aufhellt. Bei bestimmten Farbkombinationen können sogenannte »Dudleys« entstehen, gelbe Hunde ohne Pigment. Nase, Ballen, Lefzen usw. sind dann fleisch- oder leberfarben. Sie sind nicht erwünscht. Welchen Gelbton Welpen eines Wurfes letztlich haben werden, lässt sich meist nicht vorhersagen.

Die Farbe Braun

Laut Standard wird diese Farbe schokoladenbraun oder leberfarben genannt oder auch wie im Englischen »chocolate«. Je dunkler der Ton, umso erwünschter. Das Pigment sollte leberfarben sein, nicht rosa. Auch braune Labradors gab es wahrscheinlich schon Ende des 19. Jahrhunderts, aber aufgrund der dafür notwendigen Genkombinationen noch seltener als gelbe. Obwohl bereits vor dem Ersten Weltkrieg vereinzelt braune Labradors auf Field Trials zu sehen waren, gab es wenige »Fans« dieser Farbe. Erst gegen Ende der dreißiger Jahre des letzten Jahrhunderts begann die planmäßige Zucht. Vor allem die Zwinger Cookridge und Tibshelf waren wegweisend. Die Hündin Cookridge Tango (geb. 1961) war der erste braune Labrador, der es durch Showerfolge bis zum Champion brachte. Braune Labradors gibt es bisher fast ausschließlich in den Showlinien. In Großbritannien gibt es aber züchterische Bemühungen, Braun auch in den Arbeitslinien zu etablieren.

*Auch wenn es immer wieder heißt
»Ein guter Labrador hat keine
Farbe«, hat doch jede Farbe
ihre Liebhaber. Dennoch kommt
Schwarz, bedingt durch den Erbgang,
mit Abstand am häufigsten vor.*

Mehr zur Farbvererbung

Unternehmen wir anhand der Farbvererbung
nun einen kleinen, möglichst einfachen Ausflug
in die Genetik. Das erleichtert Ihnen dann auch
das Verständnis der Vererbung von Krankheiten (→ S. 125).

Um Farben in der Zucht planen zu können, zum Beispiel um sogenannte »Dudleys«
(→ Seite 35) zu vermeiden, ist Voraussetzung,
zu wissen, welche genetischen Informationen
der Hund trägt. Das kann sich aus der Ahnentafel ergeben, in der man die Farben von fünf
Generationen Vorfahren sehen kann, aus der
Farbe seiner Nachkommen oder aus einem
Gentest. Damit lässt sich eindeutig feststellen,
d. h. welche Farben außer seiner eigenen er vererben kann, die an ihm nicht sichtbar sind.

Gene und Allele

Bei der Farbvererbung des Labradors spielen
zwei Gene eine Rolle – B und E. Jedes dieser
beiden Gene hat zwei Arten der Ausprägung
(Allele). Die Allele des B-Gens sind »B« und
»b«. »B« erlaubt schwarze Farbe, »b« erlaubt
sie nicht (ergibt braun). Das E-Gen hat ebenfalls zwei Allele – »E« bedeutet »Ausbreitung
von dunkler Farbe (schwarz oder braun) über
den ganzen Körper«, »e« erlaubt die Ausbreitung nicht (außer an den Ballen, Lefzen und
Augen) und bedeutet daher eine helle Farbe,
gelb. »B« ist dominant gegenüber »b« und »E«
gegenüber »e«. Jeder Labrador trägt das B- und

das E-Gen mit jeweils zwei Allelen. Ein Welpe bekommt von jedem Elternteil jeweils ein Allel des B- und eins des E-Gens.

Schwarz ist ein Labrador, sobald er in seinem Farbcode ein »B« und ein »E« trägt. Die beiden anderen Allele können unterschiedlich sein:

- BBEE = reinerbig Schwarz,
- BBEe = Schwarz, aber trägt Gelb,
- BbEE = Schwarz, aber trägt Braun,
- BbEe = Schwarz, trägt Gelb und Braun.

Gelb ist ein Labrador nur dann, wenn er von beiden Eltern das Allel »e« bekommt:

- BBee = reinerbig Gelb,
- Bbee = Gelb, trägt aber Braun (»b«),
- bbee = Gelb, aber ohne Pigment (Dudley).

Auch für braunes Fell ist die notwendige Info »b« von beiden Eltern notwendig. Außerdem muss der Hund ein »E« haben, das die Ausbreitung dunkler Farbe erlaubt:

- bbEE = reinerbig Braun,
- bbEe = Braun, trägt aber durch »e« auch Gelb

Eine besondere Kombination

Da gelbe und braune Labradors immer von beiden Eltern die genetischen Infos für die Fellfarbe brauchen, gibt es einen besonderen Fall, wenn das nicht gegeben ist. Verpaart man einen braunen Labrador, der kein Gelb trägt (bbEE) und einen gelben, der kein Braun trägt (BBee), trägt jeder Welpe den Farbcode BbEe. Der ganze Wurf ist schwarz. Denn, Sie erinnern sich, sobald ein Labrador die genetische Info

B (Produktion von schwarzer Farbe erlaubt) und »E« (Ausbreitung dunkler Farbe über den Körper) trägt, ist das Fell schwarz. Alle diese Welpen tragen aber Braun und Gelb.

Farbfehler

Da an der Entstehung des Labradors nicht nur einheitlich aussehende Hunde beteiligt waren, tritt hin und wieder farbliches Erbe aus jenen Zeiten auf. Relativ häufig sind weiße Flecken direkt oberhalb der Ballen an der Rückseite der Beine. Auch Dual-Champion Banchory Bolo hatte sie, und deshalb wird diese Farbabweichung »Bolo-Pads« genannt. Gelegentlich treten weiße Flecken auch an der Brust, der Unterseite des Kinns und am Unterbauch auf. Auch Brindle (gestromt) und Black and Tan (rotbraune Marken über den Augen, an der Brust und an den Beinen bei sonst schwarzem Fell) können hin und wieder auftreten. Diese Farbabweichungen werden rezessiv vererbt, der Hund muss also von beiden Eltern die genetische Information erben, damit sie sichtbar wird.

Andere Farbabweichungen haben Gendefekte als Ursache. So können bei einem gelben Hund kleine oder größere Stellen schwarzer Haare auftreten. Umgekehrt entsprechend weiße Haare auf schwarzem Fell. Alle Farbfehler und andere Farben als im Standard beschrieben führen zum Zuchtausschluss der davon betroffenen Hunde.

Braun wird wie im Englischen auch chocolate genannt. Diese Farbe gibt es fast nur in den Showlinien und weniger oft als Schwarz und Gelb. Bevorzugt wird ein möglichst dunkler Ton.

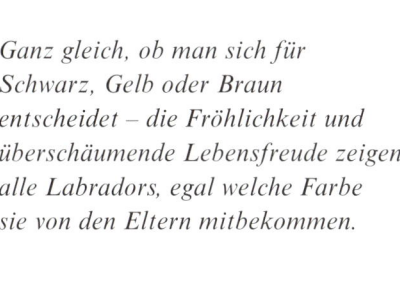

Ganz gleich, ob man sich für Schwarz, Gelb oder Braun entscheidet – die Fröhlichkeit und überschäumende Lebensfreude zeigen alle Labradors, egal welche Farbe sie von den Eltern mitbekommen.

MEIN LABRADOR

Ein Labrador Retriever soll Ihre Familie bereichern? Eine gute Entscheidung! Aber bis ein knuffiger, kleiner Welpe einzieht, gibt es noch einige Punkte zu bedenken, denn die Anschaffung eines vierbeinigen Familienmitglieds will gut geplant sein. Was erwarten Sie von Ihrem Labi, was möchten Sie mit ihm machen, wo finden Sie den passenden Vierbeiner? Nehmen Sie sich für diese Fragen genügend Zeit, denn sicher möchten Sie und Ihre Familie viele schöne Jahre mit Ihrem Labrador verbringen.

Entscheidung Labrador

Sein freundliches, ausgeglichenes Wesen macht den Labrador zum idealen Familienhund. *Er ist belastbar, passt sich dem menschlichen Alltag sehr gut an und ist überall gern dabei. Dazu lernt er freudig und schnell – auch das, was Sie nicht möchten –, ist gut zu erziehen und arbeitet bereitwillig mit seinem Menschen zusammen. Wer einen Wachhund möchte, ist mit ihm schlecht beraten. Viele Labradors bellen zwar, wenn jemand kommt, freuen sich aber letztlich über jeden Besuch. Wach- und Schutzinstinkt sind beim Labrador nicht erwünscht, beides wäre mit seiner Aufgabe als Apportierhund auf der Jagd nicht vereinbar. Doch bei allen Lobeshymnen – der Labrador ist kein anspruchsloser Hund, der einfach so mitläuft. Er erzieht sich nicht von selbst und braucht ausreichend mentale Beschäftigung und Bewegung. Macht er gute Erfahrungen mit Kindern und wird auf seine Bedürfnisse Rücksicht genommen, ist er Kindern ein guter Freund. Trotzdem tragen die Eltern die Hauptlast der Erziehung und des Spazierengehens, denn schon aufgrund seiner Größe dürfen Kinder einen Labrador nicht allein ausführen.*

Wo und wie man den richtigen Hund findet

Mit der Wahl des Labradors haben Sie sich für einen Rassehund entschieden und erwarten sicher, dass Ihr Hund möglichst gesund ist und sein Wesen dem entspricht, was einen Labrador ausmacht.

Nur eine strenge Kontrolle der Zucht bringt die höchste Wahrscheinlichkeit für einen typischen und gesunden Labrador. Kaufen Sie daher nicht bei Vermehrern und Hundehändlern. Denn werden häufig werden Hündinnen als Gebärmaschinen missbraucht und dort unter schlechten Bedingungen gehalten.

Egal ob Sie einen reinen Familienhund suchen oder einen Begleiter für die Jagd, die Dummyarbeit oder Ähnliches: Rassetypische Eigenschaften fallen nicht vom Himmel, sondern werden nur dann erhalten, wenn in der Zucht darauf geachtet wird. Dazu sind strenge Zuchtvorschriften nötig sowie umfangreiches Wissen der Züchter über Rasse und Genetik. Für die Förderung der Rasse ist es außerdem wichtig, dass so viele Daten wie möglich über die Vorfahren der Zuchthunde sowie über deren Nachkommen gesammelt werden und in die Zuchtplanung einfließen. Nur dann ist die Wahrscheinlichkeit, einen gesunden und typischen Vertreter zu bekommen, am größten. Wo finden Sie nun einen solchen Hund? Dazu ein kleiner Ausflug in die Organisation der Hundezucht.

FCI, und VDH

Die Federation Cynologique International (FCI) mit Sitz in Belgien ist der Weltdachverband der anerkannten Rassehundezuchtverbände. Die FCI erlässt Rahmenvorschriften für Zucht, Show- und Prüfungswesen. In jedem ihrer 86 Mitgliedsländer gibt es einen nationalen Dachverband, in Deutschland ist das der Verband für das Deutsche Hundewesen (VDH, Dortmund). Ihm angeschlossen sind Rassehundezuchtverbände, die jeweils nur eine oder wenige verwandte Rassen betreuen und sich dem strengen Reglement des VDH unterwerfen. Möchten Sie mit Ihrem Labrador auf Dummy- und Jagdprüfungen, auf Workingtests oder Field Trials starten oder ihn auf den nationalen und internationalen Shows des VDH/FCI, des DRC und LCD zeigen, braucht er zwingend eine vom FCI oder VDH anerkannte Abstammung mit entsprechendem Nachweis.

DRC und LCD

Der Deutsche Retriever Club und der Labrador Club Deutschland sind die einzigen Zuchtverbände für den Labrador im VDH und seit Jahrzehnten auf diese Rasse spezialisiert. Es gibt strenge Vorgaben, um überhaupt als Züchter zugelassen zu werden. Der Besuch von Neuzüchterseminaren sowie eine Überprüfung der Zuchtstätte durch den Club sind verpflichtend. Zukünftige Zuchthunde müssen etliche Hürden meistern. Sie müssen auf Hüftgelenks- und Ellenbogendysplasie geröntgt werden. Auf erbliche Augenerkrankungen (PRA, RD und HC, → Seite 122/123) muss ein Zuchthund längstens zwölf Monate vor jedem Zuchteinsatz untersucht werden. Für bestimmte Erkrankungen muss ein Gentest vorliegen.

Das ist aber noch nicht alles. In einem Wesenstest wird das Verhalten in verschiedenen, auch belastenden Situationen und die Schussfestigkeit überprüft. Ob der Labrador äußerlich dem Standard entspricht, wird bei der Formwertbeurteilung festgestellt. Entspricht der Hund auch nur in einem Punkt nicht der Zuchtordnung, bekommt er keine Zuchtzulassung.

Darüber hinaus werden von den Clubs rassespezifische Ausbildungen, Dummyprüfungen, Workingtests und jagdliche Prüfungen angeboten, Gesundheitsprogramme gefördert und vieles mehr. Für Ausstellungen und Prüfungen werden häufig Richter aus Großbritannien und anderen Ländern, die oft auch selbst züchten, eingeladen. Daten der Zuchthunde und die ihrer Nachzucht werden in Datenbanken gesammelt und sind auf der Homepage des jeweiligen Clubs nachzulesen. Welpen von DRC und LCD werden fast ausschließlich über die vereinseigenen Welpenlisten und nicht über Tageszeitungen und Ähnliches vermittelt.

Mit einem »Klick« zum Welpen

Nun möchte ich Ihnen ein wenig erklären, wie Sie sich auf den Homepages des DRC (www.drc.de) und des LCD (www.labrador.de) zurechtfinden. Außer dem Leitfaden zur Welpensuche finden Sie auch viele weitere Infos.

• DRC: Gehen Sie mit dem Mauszeiger in der Menüleiste auf den Menüpunkt »Welpen«. Es öffnet sich ein Untermenü, hier können Sie u. a. »Welpenlisten« und dort »Labrador« anklicken. Nun sehen Sie nach Postleitzahlen geordnet sowohl Züchter, deren Hündin gedeckt wurde, als auch die Züchter, die bereits Welpen haben. Ganz rechts stehen jeweils die Namen der Zuchthündin und des Deckrüden. Klicken Sie diese an, gelangen Sie zum Datensatz des Hundes (beim Deckrüden sofern er im DRC ist

oder einem anderen FCI/VDH-Verband angehört und im DRC schon gedeckt hat). Hier finden Sie neben Besitzer, Wurfdatum usw. alle zuchtrelevanten Informationen – die Untersuchungsergebnisse der Hüften und Ellenbogen, Ergebnisse von Gentests, abgelegte Prüfungen, den Wesenstest, die Formwertbeurteilung sowie Links zu eventuellen Nachkommen und zur Ahnentafel. Auf der Ahnentafel können Sie wiederum die einzelnen Hunde anklicken. Unter »geplante Würfe« finden Sie Verpaarungen, die erst in einigen Monaten realisiert werden. Im DRC finden sich tendenziell mehr Züchter, die mit den Hunden arbeiten und Labradors aus Arbeitslinien.

• LCD: Auf der Website bei »Zucht« im Untermenü »Erwartete Würfe« stehen gedeckte Hündinnen, auf der »Welpenliste« die Zuchtstätten, in denen der Wurf bereits geboren ist. Wenn Sie die Zuchtbuchnummern der Elterntiere anklicken, kommen Sie auch hier zum Datensatz des jeweiligen Hundes mit allen relevanten Informationen. Dort sind auch gleich eventuelle bisherige Nachkommen samt Ergebnissen aufgeführt. Im LCD werden überwiegend Labradors aus Showlinien gezüchtet.

Sie möchten keinen Welpen, sondern lieber einen Hund jenseits des Welpenalters? Dann schauen Sie doch beim DRC, ebenfalls bei »Welpen«, unter dem Punkt »Vermittlung älterer Hunde« und beim LCD bei »Zucht« unter »Junghunde« und »ältere Labradors«.

Welpen aus DRC und LCD finden Sie über deren Welpenvermittlungen. Suchen Sie einen älteren Labrador aus DRC-/LCD-Zucht, der ein neues Zuhause braucht, sind Sie dort auch an der richtigen Adresse.

Welcher Hund für wen?

Durch die Aufspaltung der Rasse in Show- und Arbeitslinien sollten Sie sich vor der Anschaffung ein paar Gedanken darüber machen, was Sie mit Ihrem Labrador eventuell später vorhaben. Um sich einen Überblick über die unterschiedlichen Rassevertreter zu verschaffen, ist es gut, sie sich live anzusehen.

Jagdscheininhabern stehen im DRC und LCD diverse jagdliche Prüfungen offen. Die einfachste ist die Jugendprüfung (Jagdschein ist, je nach Bundesland, meist nicht zwingend erforderlich), das Niveau steigert sich über Bringleistungs-, Retrievergebrauchs-, Dr. Heraeus-Gedächtnisprüfung und andere bis hin zur St-John's-Retrieverprüfung und schließlich Field Trials. Tophunde können Deutscher Jagd- oder Field Trial-Champion werden.

Auf den Homepages der beiden Zuchtvereine finden Sie allerhand Veranstaltungstermine. Klicken Sie beim DRC auf »Retrieverarbeit« und dort auf »Termine«, unter »Schauwesen« auf »Schaukalender« oder auf »Verein« und dort auf »Veranstaltungskalender«. Beim LCD finden Sie Veranstaltungen unter den Menüpunkten »Prüfung«, »Ausbildung« und »Ausstellung«. Sicher findet auch in Ihrer Nähe ein Wesenstest, ein Workingtest oder eine Ausstellung statt!

Folgende Punkte sollten Sie sich überlegen, um den passenden Typ Labrador zu finden.

Reiner Familienhund

Ihr Labrador soll einfach Alltagsbegleiter ohne eine »Spezialausbildung« sein? Dann brauchen Arbeitseigenschaften kein Hauptkriterium zu sein. Aber berücksichtigen Sie Ihren Alltag und Ihre Freizeitaktivitäten – wer passt besser zu Ihrer Familie, ein gemütlicherer oder ein agiler Typ? Sehr massige Hunde haben oft weniger Ausdauer als solche Showlinienlabradors, die einen gemäßigten Körperbau haben. Dann können Sie natürlich noch schauen, ob Sie im Charakter lieber einen etwas »kernigeren« Typ möchten oder einen führigeren. Labradors aus Arbeitslinien eignen sich dann als Familienhund, wenn man mit einem eventuell sensibleren Hund zurechtkommt und ihn nicht nur zum Spazierengehen hat. Denn viele Labradors sind nicht ausreichend ausgelastet, wenn sie nicht

ihren natürlichen Anlagen entsprechend gefordert werden. Dazu kommt, dass Züchter von Arbeitslinienhunden ihre Welpen verständlicherweise meist bevorzugt an Interessenten abgeben, die mit dem Hund auch arbeiten werden. Das typische ausgeglichene Wesen, eine leichte Erziehbarkeit und eine gute Belastbarkeit sollte jeder Labrador haben, der im ganz normalen Alltag lebt. Egal ob er »nur« Familienhund ist oder zusätzlich noch einen anderen »Job« hat.

Für den Jagdgebrauch

Suchen Sie einen Labrador für die Jagd, überlegen Sie, ob Sie für Ihre Jagdmöglichkeiten einen eher selbstständigen, »härteren« Hund brauchen oder einen sehr gut lenkbaren mit hoher Führigkeit. Aber ganz gleich, ob Sie einen Hund aus einer jagdlich orientierten Showlinie oder einen aus Arbeitslinien möchten – achten Sie darauf, dass die Eltern sowohl jagdliche Prüfungen abgelegt haben, als auch im jagdlichen Gebrauch stehen. Ideal ist es, wenn Sie zumindest eines der Elterntiere oder eines aus der Nachzucht bei der Arbeit sehen können.

Für den Dummysport

Sie haben vor, Dummyarbeit zu machen oder möchten das zumindest nicht ausschließen? Dann sollten Sie auf jeden Fall darauf achten, dass mindestens ein Elternteil auf Workingtests geführt wird und beide gern und mit Ausdauer apportieren. Möchten Sie es auch in höhe-

Labradors sind sehr vielseitig. Dennoch sollten Sie sich vor der Anschaffung möglichst genau überlegen, welche Pläne Sie mit Ihrem Vierbeiner haben oder was Sie eventuell mit ihm machen möchten.

re Klassen oder später gar aufs »Treppchen« schaffen, sollten Sie sich für einen Labrador aus Arbeitslinien entscheiden, dessen Verwandtschaft sich bereits entsprechend erfolgreich präsentiert hat. Möchten Sie Workingtests mehr aus Spaß besuchen und streben nicht nach Lorbeeren, finden Sie sowohl in den Arbeits-, wie auch in den Showlinien entsprechende Hunde.

Für andere Hunde-Ausbildungen

Für die Rettungshundearbeit brauchen Sie einen Labrador, der nicht zu massig ist. Er muss jedes Gelände annehmen, ausdauernd und schnell suchen, dabei aber in Kontakt mit seinem Menschen bleiben. Labradors, die im sozialen Bereich eingesetzt werden, also auch als Therapiehund und Ähnliches, müssen zudem sehr menschenbezogen, gelassen und gegenüber Geräuschen und optischen Umweltreizen wesensfest sein. Geeignete Hunde gibt es in Show- und Arbeitslinien.

Auf Shows präsentieren

Sie möchten Ihren Labrador auf Shows präsentieren? Dann kommt es überwiegend auf das entsprechende Aussehen an. Einen dafür geeigneten Hund finden Sie nur in den Showlinien. Der Züchter sollte selbst Showerfahrung haben. Wenn Sie einen Championtitel anstreben, schauen Sie sich am besten bei solchen Züchtern um, deren eigene Hunde und Nachzucht bereits entsprechende Erfolge erreicht haben.

Züchter und Kosten

Wie Sie bereits lesen konnten, müssen Züchter in DRC und LCD einige Hürden überwinden, um überhaupt züchten zu können. Sind diese überwunden, geht es erst richtig los, und zwar mit recht differenzierten Überlegungen: Welches Zuchtziel hat man? Welche Stärken und Schwächen hat die eigene Hündin, welcher Rüde passt aufgrund dessen zu ihr?

Unverkennbares Merkmal der Ahnentafeln des Deutschen Retriever- und des Labrador Clubs Deutschland ist unter anderem der »Sperlingshund«, das Emblem des Jagdgebrauchshundeverbands.

Die Ahnentafel verstehen

Auf einer Ahnentafel von DRC und LCD finden Sie neben den Abkürzungen auch den vollen Namen des Clubs, also Deutscher Retriever Club e. V. oder Labrador Club Deutschland e. V. Dazu den vollen Namen, wie auch die Abkürzung des VDH. Außerdem sehen Sie Kürzel und Emblem der FCI sowie im Emblem den vollen Namen, also Federation Cynologique International. Ein weiteres unverkennbares Merkmal von Ahnentafeln dieser beiden Zuchtverbände ist der Sperlingshund, das Logo des Jagdgebrauchshundeverbandes (JGHV). Denn beide Zuchtverbände sind Mitglied im JGHV.

Was die Ahnentafel sagt

Zunächst sehen Sie natürlich Namen und Zuchtbuchnummer Ihres Hundes sowie die Angaben zum Züchter. Auch die Namen der Geschwister sind eingetragen. Dann kommt die Verwandtschaft – von den Eltern bis zu den Ururgroßeltern. Bei jedem Hund stehen unter seinem Namen diverse Infos, meist in Form von Abkürzungen. Aber was bedeuten diese rätselhaften »Hieroglyphen«? Hier zeige ich Ihnen anhand eines Beispiel-Labradors, welche Informationen sich dahinter verbergen.
Beaverlodge's Brenda, DRC-L 02-9203, gelb, WT, BHP B, APD F, JP/R, BLP, JEPs, Langschl. (800 m) (LCD), GC 07, Workingtests (O) HD: A2, ED: frei/frei, GT-PRA: frei, GT-CNM: frei, GT-EIC: frei

Erste und zweite Zeile: Nach dem Namen kommt die Zuchtbuchnummer (hier DRC, das »L« steht für Labrador, »02« ist das Geburtsjahr, also 2002), danach die Farbe des Hundes. Die folgenden Abkürzungen sind Prüfungen: der **W**esenstest, die **B**egleit**h**unde**p**rüfung mit Verkehrsteil (**B**), die **A**rbeits**p**rüfung mit **D**ummys für Fortgeschrittene (**F**), die jagdliche **J**ugend**p**rüfung für **R**etriever, die **B**ringleistungs**p**rüfung und die **J**agdeignungs**p**rüfung mit Schweißfährte. Dann folgt eine Langschleppenprüfung über 800 m, die der LCD ausgerichtet hat. GC 07 bedeutet, der Hund hat 2007 am **G**erman **C**up, der deutschen Meisterschaft im Dummysport, teilgenommen. Außerdem läuft der Hund auf Workingtests in der höchsten Klasse (**O** = Open)
Champion- oder Siegertitel sowie die Zuchtbuchnummer eines ausländischen FCI-Verbandes, wenn der Hund in den DRC übernommen wurde, wären ebenfalls hier aufgeführt.
Letzte Zeile: Hier finden Sie die Gesundheitsergebnisse. Dieser Hund ist HD-frei (A) mit Tendenz zur Übergangsform (deshalb A2), beide Ellenbogen sind frei von ED (deshalb frei/frei). Es wurden drei **G**entests auf bestimmte rassespezifische erbliche Erkrankungen durchgeführt – auf eine Form der **p**rogressiven **R**etina**a**trophie, auf **c**entro**n**ukläre **M**yopathie, sowie auf **E**xercised **I**nduced **C**ollapse. Alle drei Tests ergaben, dass dieser Hund keine Gene dieser Erkrankungen trägt (frei).

Wahl der Elterntiere

Nicht wenige Züchter schauen sich infrage kommende Rüden zunächst vor Ort an, um sich ein möglichst genaues Bild zu machen und sich dann zu entscheiden und zu gegebener Zeit oft weit zum Wunschrüden zum Decken zu fahren. Eines Tages liegt dann die Hundefamilie in der Wurfkiste, und es folgen acht sehr schöne, aber anstrengende Wochen. All das kostet viel Zeit und auch Geld. Deshalb haben Welpen aus dem DRC und dem LCD auch ihren Preis. Durchschnittlich 1200 Euro kostet derzeit ein Welpe, wobei höhere Preise nicht »bessere«, niedrigere nicht »schlechtere« Welpen und Aufzucht bedeuten.

Erster Kontakt

Haben Sie auf der Welpenliste einen oder mehrere für Sie interessante Züchter gefunden, nehmen Sie am besten per Telefon oder ausführlicher E-Mail Kontakt auf. Stimmt die Chemie zwischen Ihnen und dem Züchter, vereinbaren Sie einen Besuchstermin – wenn möglich, schon bevor die Welpen da sind. So lernen Sie die Hündin kennen und sehen sie gegebenenfalls vielleicht auch noch arbeiten. Außerdem bleibt in Ruhe Zeit, den Züchter diverse Dinge zu fragen, die Ihnen noch am Herzen liegen. Obwohl der Labrador sehr beliebt ist, ist es meist so, dass der Wunschzüchter nicht gleich um die Ecke wohnt. Doch jeder Züchter aus dem DRC und dem LCD wird Sie und Ihre Familie persönlich kennenlernen wollen, bevor er sich dafür entscheidet, Ihnen einen Welpen zu geben. Denn ein seriöser Züchter möchte möglichst genau wissen, ob seine Welpen auch wirklich den Platz bekommen, den er sich für sie wünscht. Am Telefon oder per Mail werden Sie daher in aller Regel keine Zusage bekommen.

Die Kinderstube

Eine gute Kinderstube ist neben den ererbten Anlagen eine wichtige Grundvoraussetzung für einen guten Start ins Hundeleben. Die Zucht- und Zwingerordnungen der beiden Retrieverclubs sorgen durch bestimmte Vorgaben schon zum Teil vor. So dürfen beispielsweise in einer DRC-Zuchtstätte pro Jahr höchstens drei Würfe fallen und Hündinnen zwischen dem zwanzigsten Lebensmonat und dem achten Lebensjahr insgesamt höchstens vier Würfe in ihrem Leben aufziehen. Damit wird verhindert, dass der Profit im Vordergrund steht. Auch die Beschaffenheit des Aufzuchtbereichs für die Welpen ist in der DRC-Zwingerordnung geregelt, sodass keine »dunkle Hinterhofzucht« möglich ist.

Woran Sie einen verantwortungsvollen Züchter erkennen

Trotz aller Vorschriften gibt es natürlich auch im DRC wie im LCD solche und solche Züchter. Welche, die gerade das Mindeste tun, und solche, die sich sehr viel Mühe geben. Daran erkennen Sie einen verantwortungsvollen Züchter:

Eine gute Kinderstube mit ausreichend vielen Erfahrungen mit der Umwelt ist für den kleinen Labi neben den angeborenen Eigenschaften eine wichtige Voraussetzung für einen guten Start ins Hundeleben.

49

Ein verantwortungsvoller Züchter sorgt dafür, dass seine Welpen ca. ab der dritten Woche reichlich positive Erfahrungen mit verschiedenen Menschen machen, ohne dass sie jedoch überfordert werden.

• Der Auslauf der Welpen, innen wie außen, ist sauber. Das eine oder andere Pfützchen oder Häufchen darf aber schon mal zu sehen sein.

• Er hat nur wenige Hunde, die er mit Familienanschluss hält, nicht im Zwinger.

• Er zieht idealerweise nur einen, aber nicht mehr als zwei Würfe gleichzeitig auf (das ist im DRC und LCD auch nicht erlaubt).

• Er kann Ihnen sein Zuchtziel erklären, zeigt Ihnen Stärken und Schwächen seiner Hündin und erklärt Ihnen, warum er sich für den Deckrüden entschieden hat und was er von der Verpaarung erwartet.

• Er zeigt Ihnen alle Unterlagen der Zuchtzulassung und hat meist auch die entsprechenden Kopien des Rüden.

• Die Hündin kann frei und jederzeit selbst wählen, ob sie bei den Welpen sein oder lieber ihre Ruhe haben möchte.

• Hündin und Welpen sind freundlich, zutraulich und nehmen von sich aus Kontakt auf.

• Die Hündin und ihre Welpen sehen gesund und gepflegt aus. Die Welpen haben glänzendes Fell, klare Augen und saubere Hinterteile.

• Über den Labrador weiß der Züchter rundum Bescheid und kennt sich mit Aufzucht, Ausbildung, rassespezifischen Erkrankungen usw. aus.

• Seinen Welpen bietet er einen reizvollen Auslauf mit verschiedenen Erkundungsmöglichkeiten und Spielzeug.

• Ein guter Züchter ermöglicht seinen Welpen genügend Menschenkontakt.

• Er kümmert sich im Prinzip den ganzen Tag um seine Welpen und kennt sie daher gut.

• Er möchte Sie möglichst gut kennenlernen und legt sehr viel Wert darauf, dass Sie Ihren Labrador später zumindest auf Hüftgelenks- und Ellenbogendysplasie röntgen lassen und einen Wesenstest absolvieren.

• Auch nach der Abgabe betreut er seine Welpenkäufer bei Fragen und Problemen.

Viele Züchter unternehmen mit der Hundefamilie auch schon den einen oder anderen kleinen Ausflug ins Grüne, gewöhnen die Kleinen an erste kurze Autofahrten und trainieren sie auf den Komm-Pfiff. Liegt der Schwerpunkt in der Zucht auf Arbeitseigenschaften, lernen die Welpen auch Wasser und Wild kennen und der Züchter testet, inwieweit sich etwa das Bringen schon zeigt.

Der Deckrüde

Den Vater der Welpen können Sie beim Züchter nur selten sehen. Denn meist lebt er nicht in der Nähe und nur selten hat ein Züchter einen eigenen Rüden, der zu seiner Hündin passt. Auch im Sinne eines nicht zu engen Genpools wählt ein Züchter bei mehreren Würfen unterschiedliche Rüden. Deshalb ist im DRC eine Wurfwiederholung mit gleichen Elterntieren auch nur unter bestimmten Auflagen erlaubt. Aber Sie können durchaus schauen, wo der Deckrüde lebt und ihn gegebenenfalls besuchen, wenn sich die Möglichkeit bietet.

Besuche beim Züchter

Haben Sie Ihren Wunschzüchter gefunden und die Zusage für einen Welpen bekommen, können Sie es sicher kaum erwarten, die knuffigen Hundekinder zu besuchen. Labradorwelpen sehen wirklich besonders putzig aus und erinnern einen irgendwie an kleine Robben. Aber Geduld – in den ersten drei Wochen wird kaum ein Züchter Besucher zu den Welpen lassen, denn das Risiko einer Infektion ist in dieser Zeit noch zu groß, und Mutterhündin und Welpen brauchen ihre Ruhe. Ab der vierten Woche heißt es dann Tür frei für Besucher!

Ihr Züchter wird es begrüßen, wenn Sie in den fünf möglichen Besuchswochen nicht nur einmal kommen, sondern die Kleinen öfter besuchen. So lernt er Sie besser kennen, und Sie können die Entwicklung der Welpen miterleben. Sie werden erstaunt sein, was sich innerhalb einer oder zwei Wochen alles tut und wie die Labradorkinder sich verändern. Aber wie viele Besuche für Sie möglich sind, hängt sicher auch davon ab, wie weit entfernt der Züchter wohnt.

Die Formalitäten

Vor der Abgabe gibt es für den Züchter und den Club noch einiges zu erledigen:
• Bis zur Abgabe müssen die Welpen vierfach geimpft und mehrfach entwurmt sein. Außerdem sind sie mit einem Mikrochip gekennzeichnet, dessen Nummer sowohl im Impfpass als auch in der Ahnentafel eingetragen wird.

• Vor der Abgabe bekommt der Züchter Besuch von einem Wurfabnahmeberechtigten des jeweiligen Clubs. Er überprüft die Aufzuchtbedingungen und den Zustand der Hündin und ihrer Welpen. Dabei achtet er auch darauf, wie die Welpen sich verhalten. Sind sie kontaktfreudig und fröhlich? Sehen sie gesund aus? Jeder Welpe wird außerdem einzeln begutachtet. Gibt es Gebissfehler? Sind bei Rüden beide Hoden tastbar? Gibt es Farbfehler? Stimmt das Gewicht? Außerdem überprüft er mit einem Lesegerät die Chipnummern. In einem Wurfabnahmebericht vermerkt er alle Dinge und leitet ihn den Club weiter.

• Stehen alle Besitzer der Welpen fest, meldet der Züchter die Namen und Adressen vor der Abgabe an den Club und dieser erstellt die Ahnentafeln. Das dauert einige Wochen Deshalb bekommen Sie die Ahnentafel in der Regel erst einige Wochen nach der Abgabe mit der Post, oft schon zusammen mit den Formularen für die spätere HD- und ED-Röntgenuntersuchung.

• Bei der Abholung des Welpen bekommen Sie auf jeden Fall eine Durchschrift des Kaufvertrags, eine Ausfertigung des Wurfabnahmeberichts sowie den Impfpass. Aber das ist bei den meisten Züchtern des DRC und LCD noch nicht alles. Viele geben ihren Welpenkäufern noch Infomappen mit Futterplänen und Erziehungstipps mit oder etwas Zubehör für das Labradorkind.

Eine instinktsichere Mutterhündin ist für die kleinen Welpen lebensnotwendig. Ohne ihre Brutpflege und die Muttermilch würden die Labradorkinder schon ihre ersten Tage nicht überleben.

Die Zucht

Einen Wurf Welpen mit der Mutter vom ersten Lebenstag an aufwachsen zu sehen ist zweifellos ein außergewöhnliches Erlebnis und eine echte Bereicherung! Doch möchte man verantwortungsvoll züchten, ist es nicht damit getan, seine Labihündin einfach mit dem netten Labirüden aus der Nachbarschaft zu verpaaren. Denn um möglichst gesunde und typische Labradors zu züchten, sind sehr viel Fachwissen, Planung und Engagement nötig. Zudem muss ein Labrador, der in einem FCI-Verband, also auch im DRC und LCD, zur Zucht eingesetzt werden soll, erst einmal beweisen, dass er alle Voraussetzungen für eine Zuchtzulassung erfüllt. Denn nur nachweislich gesunde und rassetypische Hunde sollten schließlich in die Zucht gehen. Ist alles im grünen Bereich und nach entsprechenden intensiven Recherchen der passende Partner gefunden, steht der »Hundehochzeit« und den erlebnisreichen Wochen der Welpenaufzucht nichts mehr im Weg.

Züchten ist mehr als Vermehren

Einmal Labrador, immer Labrador – das steht für nahezu jeden fest, der das Glück hat, ein Exemplar dieser wunderbaren Rasse zum Begleiter zu haben. Da ist es nur verständlich, dass mancher Labradorfan überlegt, einen Wurf aufzuziehen oder seinen Rüden zum Decken anzubieten. Doch Zucht bedeutet eine große Verantwortung der Rasse, aber auch den zukünftigen Welpenkäufern gegenüber.

Bis eine zufriedene Welpenschar in der Wurfkiste liegt, ist es ein langer Weg. Strenge Zuchtbestimmungen sorgen dafür, dass nur Hunde, die bestimmte Voraussetzungen erfüllen, in die Zucht gehen.

Schauen Sie sich nach einem Züchter um, der ein gleiches oder ähnliches Zuchtziel verfolgt und sich schon lange mit der Rasse beschäftigt. Dazu muss er selbst noch nicht unbedingt viele Würfe gezüchtet haben.

Weg mit der »rosaroten Brille«

Der eigene Hund ist natürlich immer der tollste, liebste und beste – doch möchte man züchten, heißt es erst mal weg mit der »rosaroten Brille« und Stärken und Schwächen des eigenen Vierbeiners objektiv betrachten! Dann sollten Sie überlegen, was Ihr Zuchtziel ist. Aber ganz gleich, ob für Sie die Arbeitseigenschaften, das Aussehen oder der »nette Familienhund« im Vordergrund stehen – das Gesamtpaket Labrador sollten Sie nicht aus den Augen verlieren. Dazu gehören die leichte Erziehbarkeit und das Bedürfnis, mit seinem Menschen zusammenzuarbeiten, sowie ein sicheres, freundliches und offenes Wesen und natürlich, dass er gern

apportiert. Für eine Jagdgebrauchshunderasse gehört dazu auch die Schussfestigkeit. Sie fragen sich vielleicht, warum die auch für einen nicht jagenden Labrador wichtig ist? Auch im Alltag eines Familienhundes gibt es die verschiedensten lauten Geräusche. Ängstigen sie den Hund, bedeuten viele alltägliche Situationen Stress für ihn.

Zunächst aber heißt es, eine Zuchtzulassung zu bekommen. Doch sie kann nur bestimmte Rahmenbedingungen vorgeben, der Rest ist Eigenverantwortung. So kann es zum Beispiel sein, dass die Ergebnisse der für die Zuchtzulassung notwendigen Tests und Untersuchungen gerade noch im zuchttauglichen Bereich liegen. Oder dass der Hund über die Zuchtzulassungsbedingungen hinaus Wesens- oder Gesundheitsprobleme hat. Dann ist es der Rasse zuliebe sinnvoller, auf einen Zuchteinsatz zu verzichten. Ihr Labrador bleibt für Sie trotzdem der liebste und beste von allen!

Der passende Partner

Sind alle Formalitäten erledigt und die Zuchtzulassung erteilt, steht als Nächstes eine der schwierigsten Aufgaben in der Zucht an – die Suche nach einem passenden Partner. Je besser Sie über die Rasse und alles, was dazugehört, Bescheid wissen, umso günstiger ist das für die Suche. Ganz wichtig ist dabei, dass Sie sich viele Infos über Vorfahren und Verwandtschaft Ihrer Hündin beschaffen. So können Sie

mithilfe der Vereinsdatenbanken und in persönlichen Gesprächen den Partner finden, der hinsichtlich Gesundheit, Wesen und sonstigen Eigenschaften am besten passt.

Als Hündinnenbesitzer sucht man sich den Rüden aus. Der Besitzer eines Deckrüden ist darauf angewiesen, dass sich ein Züchter für seinen Rüden interessiert. Für ihn gilt das Gleiche wie für den Besitzer der Zuchthündin. Er muss den Hintergrund seines Hundes kennen, damit er bei einer Anfrage prüfen kann, ob die Hündin überhaupt zu seinem Rüden passt. Denn auch der Besitzer des Deckrüden ist zur Hälfte mitverantwortlich für das, was letztlich herauskommt. Spricht einiges für und nichts gegen eine Verpaarung, geht die Hochzeitsreise zur passenden Zeit zum Deckrüden!

Der richtige Zeitpunkt

Die Läufigkeit dauert etwa drei Wochen, aber nur wenige Tage davon ist die Hündin in der »Standhitze«, also deckbereit. Bei vielen ist das um den 14. Tag herum. Aber es gibt auch deutliche Abweichungen nach vorne oder nach hinten. Mit der Zeit werden Sie den Zyklus Ihrer Hündin kennen und Progesterontests beim Tierarzt helfen zusätzlich, den optimalen Deckzeitpunkt einzugrenzen. So lässt sich die »Hochzeitsreise« gut planen, und es wird verhindert, dass Sie viel zu früh oder gar zu spät beim Rüden ankommen.

Hat der Deckakt geklappt, heißt es nun warten, ob die Hündin aufgenommen hat. Denn noch kann niemand sagen, ob es Welpen geben wird. Erst etwa in der vierten Woche nach dem Decken kann der Tierarzt per Ultraschall sehen, ob sich Nachwuchs ankündigt.

Die genaue Welpenzahl lässt sich aus anatomischen Gründen vorab nicht erkennen. Aber schon bald hat das Warten ein Ende, und nach etwa 63 Tagen Tragzeit herrscht reger Betrieb in der Wurfkiste!

Eine sorgsam geplante Verpaarung erfordert viel Wissen und Engagement. Aber nur so ist die Wahrscheinlichkeit für gesunde und typische Labradorwelpen am größten. Dann heißt es auf ins Hundeleben!

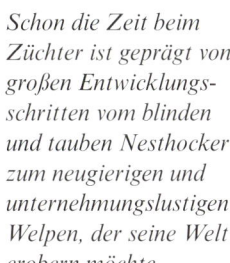

Schon die Zeit beim Züchter ist geprägt von großen Entwicklungsschritten vom blinden und tauben Nesthocker zum neugierigen und unternehmungslustigen Welpen, der seine Welt erobern möchte.

Die Entwicklung der Welpen

*Geht die Geburt los, ist die Anspannung groß. Wird alles gut gehen?
Werden die Welpen gesund sein? Diese und andere Fragen gehen Züchtern
durch den Kopf. Der Tierarzt sollte für alle Fälle über den Geburtstermin
informiert sein. Hilfreich ist es für Neuzüchter, während der Geburt einen
schon erfahrenen Züchter zur Seite zu haben.*

*In den ersten Wochen
bestimmen Trinken und
Schlafen den Tages-
ablauf der Hundekinder.
Ende der zweiten Woche
beginnen sich die Augen
langsam zu öffnen und
die Welpen werden
zunehmend aktiver.*

Unterstützung braucht eine instinktsichere Hündin bei normalem Geburtsverlauf nur selten. Sie »weiß«, was sie tun muss, nabelt die Welpen selber ab, befreit sie von der Fruchthülle und regt den Kreislauf durch Lecken an.

Die vegetative Phase

Hundewelpen sind Nesthocker. Sie sehen nichts, können nichts hören und nur »robben«. Dennoch brauchen auch sie bei ihrer »Ankunft« keine menschliche Unterstützung. Ihr Instinkt sagt ihnen, dass sie Mamas Milchbar finden müssen, ihr Gespür für Temperaturunterschiede und ihr schon etwas funktionierender Geruchssinn führen sie mit suchenden Pendelbewegungen dorthin. Vermeintliche Hilfe ist eher kontraproduktiv, denn was jetzt abläuft, ist bereits erstes Lernen und erste Stressbewältigung und sehr wichtig für das Hundeleben – der Welpe kommt aus eigener Anstrengung zum Erfolg! Sofort saugt er sich am Gesäuge fest, wo er inbrünstig trinkt, um schließlich rundum satt und tief schlafend von seiner Zitze »abzufallen«. In den ersten beiden Wochen tut sich in der Wurfkiste noch nicht sehr viel, die Welpen trinken, schlafen und wachsen. Sie sind in der vegetativen Phase, in der sie ihre Umwelt noch nicht bewusst wahrnehmen. Die Hündin hat in dieser Zeit eine starke Lagerbindung und hält sich fast immer bei den Welpen auf. Das ist wichtig, denn ihre Wärme vermittelt den Welpen Geborgenheit. Ohne die sorgfältige Pflege der Hunde-

mutter, das Lecken des Bauches und des Hinterteils, würde bei den Welpen anfangs nicht einmal die Verdauung funktionieren.

Die Sozialisierungsphase

Gegen Ende der zweiten Woche wird es spannend. Nach und nach öffnen sich die Augen, zuerst zu kleinen Schlitzen, dann immer weiter. Alle Sinne zunehmend ihre Arbeit auf. Erste Gehversuche stehen jetzt auf dem Programm, allerdings noch etwas wackelig, was ausgesprochen putzig aussieht. Mit der körperlichen Entwicklung erwacht nun auch das Interesse an der Umwelt. Die Kleinen erkunden die Wurfkiste und nehmen erste spielerische Kontakte mit den Geschwistern auf. Liegt Spielzeug in der Wurfkiste, macht auch das neugierig, und so mancher Labradorwelpe trägt ganz »retrieverlike« sogar schon etwas herum. Kommt ein Mensch an die Wurfkiste, suchen die Welpen nun Kontakt. Mit freudig wedelndem Schwänzchen lecken sie die Hand oder kauen darauf herum. Schon bald wird ihnen die Welt der Wurfkiste zu klein, und sie drängen hinaus. Wenn man ihnen die Möglichkeit gibt, selbst zu entscheiden, wann sie ihr »Babybett« verlassen möchten, lässt sich sehr schön beobachten, wer sich wann und wie mutig in den Innenauslauf traut. Die Welpen werden rasch immer sicherer auf ihren Beinchen und entsprechend mehr »Action« gibt es – auch im ausgelassenen Spiel miteinander. Die Hündin ist jetzt nicht mehr dauernd bei den Welpen, denn manchmal ist die Kinderschar ganz schön lästig. Kommt sie aber, wir sie lautstark begrüßt und die Milchbar gestürmt. Ist diese jedoch geschlossen und ein Welpe akzeptiert das nicht, gibt es von Mama einen Rüffel. Erziehung muss sein! Um die vierte Woche herum gibt es erste feste Zusatznahrung vom Züchter.

Nun reicht auch der Innenauslauf nicht mehr. Jetzt geht es tagsüber auch in den Garten auf Erkundungstour ! Auch hier sagt es schon etwas über die kleinen Persönlichkeiten aus, wer wie die »neue« Welt erobert. Damit die Welpen ihre »Abenteuerlust« ausleben und ihr Selbstvertrauen stärken können, ist eine strukturierte Umgebung mit wechselnden Reizen wie etwa einem Kompostgitter, einer Regentonne zum Durchlaufen, einem Wackelbrett wichtig. Untereinander und auch mit der Mutter wird ausgiebig gespielt und ausprobiert. Menschen sind für Labradorwelpen ein echtes Highlight, und sie lieben es, mit zweibeinigem Besuch zu spielen und zu kuscheln. All diese Erfahrungen sind wichtig für ihr Leben.

Was nun passiert, wirkt nachhaltig

In der Sozialisierungsphase, die etwa bis zum Ende der 16. Lebenswoche dauert, macht sich der Welpe sein Bild von der Welt. Er ist neugierig, erkundungsfreudig und voller Tatendrang. Seine Lernbereitschaft ist in dieser Zeit sehr hoch – Erlebtes und Gelerntes verankern

sich sehr nachhaltig im Welpengehirn. Das gilt auch für negative Erfahrungen und fehlende. Wie sehr sich Erlebnisse oder Defizite auswirken, hängt aber auch von der Grundveranlagung des Hundes ab. So wird ein Labradorwelpe mit robustem Nervenkostüm mit einer unangenehmen Erfahrung besser zurechtkommen oder fehlende Erfahrungen leichter nachholen können als ein sehr sensibler. Welpen werden aber nicht, wie man häufig liest, wirklich geprägt. Denn eine echte Prägung ist nicht umkehrbar. Das gibt es beim Hund nicht.

Zunächst ist der Züchter für die Sozialisierung verantwortlich. Er kann schon dafür sorgen, dass die Welpen mit alltäglichen Dingen vertraut werden. Dazu gehören das Geräusch des Staubsaugers, das Telefon, Küchengeräte, die Hausklingel oder auch der Rasenmäher. Auch ausreichend positiver Kontakt zu fremden Menschen, möglichst auch zu Kindern, ist in der Sozialisierungsphase wichtig, obwohl ein typischer Labrador normalerweise von Natur aus kontaktfreudig ist. Nach der Übernahme des Welpen ist die weitere Sozialisierung dann die Aufgabe des neuen Besitzers.

Machen Sie Ihr Hundekind wohldosiert mit seinem neuen Lebensumfeld vertraut. Jetzt beginnt auch die Grunderziehung. Richtig aufgebaut werden Sie den Effekt des nachhaltigen Lernens in dieser Zeit sehr schätzen! Mehr zur Sozialisierung können Sie ab Seite 74 lesen, die Erziehung folgt dann ab Seite 80.

Der Welpe oben ist ca. drei Wochen alt, der kleine Labi unten etwa sechs Wochen. Nicht nur Aktivität und Mobilität verändern sich. Auch optisch ist die körperliche Entwicklung gut zu erkennen.

Meine Geschichte

Gestatten. Manyoaks Bailey. Labrador.
Mir geht es gut auf dieser Welt. Alles, was ich mache, mache ich gern.
Oder besser: Alles, was ich mit meinem Herrli mache, begeistert uns beide!

Robert Fuchs ist engagiertes Mitglied in einer Rettungshundestaffel des Bayerischen Roten Kreuzes. Die Ausbildung seines Labradors macht ihm und natürlich auch Rettungshund Bailey viel Spaß.

Mein Herrli hat Glück gehabt, als er vor vier Jahren den Tipp bekam, sich einen Labrador anzuschaffen. An einem Informationsabend der Rettungshundestaffel vom Roten Kreuz wurde die Arbeit der Rotkreuzhelfer vorgestellt, und die Aufgaben der Hunde wurden erklärt. Als »alter ehrenamtlicher Rotkreuzler« war es genau das, was er suchte: Eine sinnvolle Beschäftigung mit einem Hund. Dabei war es gar nicht er, der unbedingt einen Hund wollte. Eigentlich wollte Frauli, dass ein »lieber, netter« Hund ins Haus kam. Auch dafür sei ein Labi bestens geeignet, meinte damals die Staffelleiterin. Also machten sich die beiden auf den Weg von Aschaffenburg nach Rosenheim ans andere Ende Bayerns. Warum so weit? Katharina Schlegl-Kofler hatte Welpen, die Anfang August abzugeben waren. Somit hatten meine Menschen genügend Zeit in ihrem Urlaub, mich an die neue Heimat zu gewöhnen. Schon nach ein paar Tagen ging es los mit meiner Ausbildung: Es machte Spaß, zu fremden Menschen (die Staffelmenschen nennen sie »Opfer«) zu rennen und dort ein Leckerli abzuholen. Jeden Samstag ging es nun ins Training. Ich brauchte mich nicht anzustrengen: Alles, was ich lernen musste, war interessant! So durfte ich nach der Begleithundeprüfung und dem Eignungstest beim Roten Kreuz schon nach gut zwei Jahren zur Rettungshundeprüfung. Schön, dass sie in Traunstein war, da konnte ich in meiner »Kinderheimat« zeigen, was ich gelernt hatte.

Zu Hause ist es mit den Einsätzen nicht allzu stressig. Die Menschen hier am Untermain passen gut auf, dass sie nicht verloren gehen. Die paar Mal, bei denen ich nun mit im Einsatz war, waren genauso spannend wie die Trainingseinheiten. Und die sind schon prima! Da rennt man durch den Wald, immer auf der Suche nach einem menschlichen Duft. Habe ich einmal einen in der Nase, gilt es, den Vermissten zu finden, was uns Hunden natürlich nicht schwerfällt. Dann zeige ich durch Bellen an, wo der Mensch liegt, damit mein Herrli und die anderen Sanitäter nachkommen und Hilfe bringen. Es sind natürlich noch andere Hunderassen in der Staffel. Wir Labis sind aber die liebsten: Wir erschrecken die Opfer nicht, weil schon unser Aussehen Vertrauen erzeugt.
Einen Nebenjob habe ich übrigens auch: Weil ich gut mit Kindern auskomme und weil mein Herrli selbst Lehrer ist, hat er eine Ausbildung zum Schulhunde-Führer gemacht. Jetzt geht er mit mir in Grundschulklassen und erklärt den Kindern, wie sie sich verhalten sollen, wenn sie einem Hund begegnen. Nachdem die Klassenlehrer die Schüler theoretisch gut vorbereitet haben, ist es meine Aufgabe, die praktischen Übungen mit ihnen durchzuführen. Da muss man ganz ruhig bleiben und darf den Kindern keine Angst machen! Ich gehe an ihnen vorbei, sie begrüßen mich und fragen mich, ob sie mich streicheln dürfen. Will ich einmal nicht angefasst werden, drehe ich mich einfach zur Seite.

ROBERT FUCHS ist Rektor einer Grundschule und aktives Mitglied in der Gruppe »Kind und Hund« (www.kind-und-hund.org). Dort hat er eine Lehrermappe entwickelt, damit in Schulen die Sicherheitserziehung im Umgang mit Hunden umgesetzt werden kann. Er hält Lehrerfortbildungen und besucht mit Bailey Schulklassen für die praktische Ausbildung. Außerdem ist er seit vielen Jahren als Rettungssanitäter beim Roten Kreuz aktiv, seit 2008 mit seinem Labrador Bailey auch als Mitglied der Rettungshundestaffel.

Bailey besucht mit Herrchen Robert Fuchs auch Kinder in Grundschulen. Dabei wird auch gelernt, wie man einem Hund richtig ein Häppchen gibt. Das genießt Bailey als echter Labrador natürlich sehr!

Das verstehen die Kinder sehr schnell und lassen mich in Ruhe. Wer will schon von jedem gestreichelt werden? Mein Herrli sagt immer, ich sei sehr gut zu »lesen« und zu verstehen.
Das stimmt offenbar. Zu Hause kann ich mich gut mit meinen Menschen verständigen. Sie verstehen mich, wenn ich für »die kleinen Geschäfte« auf die Wiese muss, in den Flur will, um meine Ruhe zu haben, oder wenn ich Herrli zum Schmusen auf meine Decke bitte. Ich brauche sie dann nur geduldig intensiv anzuschauen. Irgendwann kapieren sie, was ich will. Was ich inzwischen aufgegeben habe, ist um Futter zu betteln. Diesen Wunsch haben meine Menschen nie verstanden, da habe ich es einfach sein lassen. Eigentlich bekomme ich ja auch genug!

Manyoaks Bailey

Ein guter Start

Ihr Welpe ist geboren! Satt und zufrieden liegt er nun samt seinen Geschwistern in der Wurfkiste Ihres Wunschzüchters. Sicher warten Sie schon sehnsüchtig auf den Tag, an dem Sie ihn abholen können! Aber zunächst heißt es zu schauen, welche der kleinen Labradorpersönlichkeiten aus dem Wurf wohl am besten zu Ihnen passt. Dann gilt es noch zu überlegen, ob Ihr vierbeiniger Begleiter ein Rüde oder eine Hündin sein soll. Am besten bereiten Sie schon alles für ihn vor, bevor er einzieht. Das erspart Zeit und Stress. Auch wenn Sie noch andere Dinge zu erledigen haben, tun Sie das, wenn möglich, noch vor dem Einzug des Welpen. So haben Sie mehr Muße, wenn der Kleine da ist. Ist der Welpe dann eingezogen, wird er Ihr Leben zunächst etwas durcheinanderwirbeln. Doch Sie werden sehen, spätestens nach ein paar Wochen hat sich der neue Alltag eingespielt und das Labradorkind sich vollkommen eingelebt. Sie haben nun ein neues Familienmitglied, das Sie durch dick und dünn begleiten wird.

Die Auswahl

Ob Sie einen Labrador aus Arbeits- oder Showlinien möchten, haben Sie ja schon entschieden, wenn Ihr Welpe geboren ist. Nun geht es an die konkrete Auswahl des passenden Welpen. Was soll es sein? Rüde oder Hündin? Draufgänger oder Sensibelchen? Beraten Sie sich in jedem Fall mit dem Züchter.

Rüde oder Hündin?

Zu einem Teil ist diese Entscheidung Geschmackssache. Aber einige Punkte sollten Sie bedenken. Rüden sind in der Regel kräftiger und größer als Hündinnen. Allerdings kann eine Hündin aus einer Showlinie durchaus kräftiger sein als ein Rüde aus einer Arbeitslinie. Rüden aus Showlinien können zwischen 35 und 40 Kilo auf die Waage bringen (Hündinnen um die 30 Kilo) und haben entsprechend mehr Kraft als solche aus Arbeitslinien mit vielleicht unter 30 Kilo (bei Hündinnen etwa 25 Kilo). Rüden brauchen meist eine etwas konsequentere Führung, denn sie sind ganzjährig am anderen Geschlecht interessiert.

Außerdem sehen sich Rüden untereinander eher einmal als Konkurrenten, wobei Labradors normalerweise recht verträglich sind. Wie stark das Rüdenverhalten ausgeprägt ist, ist individuell verschieden und hängt von Ihrer Konsequenz in der Erziehung, aber auch vom Hormonspiegel des Hundes ab.

Hündinnen werden in der Regel zweimal jährlich für etwa drei Wochen läufig und brauchen in dieser Zeit besondere Aufsicht, um unerwünschten Nachwuchs zu vermeiden. Gruppentraining, Ausstellungen oder Prüfungen sind mit einer läufigen Hündin nicht möglich. Auch bei der Urlaubsplanung sollten Sie den Zyklus der Hündin berücksichtigen. Labradorhündinnen sind in der Regel mit anderen Hunden sehr verträglich, aber es gibt bisweilen auch »Zicken«.

Die Hunde in Ihrer Umgebung sollten Sie auch in Ihre Überlegungen einbeziehen. Leben rund um Ihre Wohnung etwa mehrere nicht kastrierte Hündinnen, könnte es mit einem Rüden etwas anstrengend werden, wenn die Hundedamen läufig sind. Das sind sie nämlich meist auch noch zu verschiedenen Zeiten.

Welcher Welpe soll es sein?

Jeder Welpe ist eine eigene kleine Persönlichkeit, obwohl das Wesen zu diesem Zeitpunkt natürlich noch nicht »fertig« ist. Manches entwickelt sich erst später, die Geschlechtsreife und auch die Erfahrungen mit der Umwelt spielen eine Rolle. Aber eine Grundveranlagung ist bereits sichtbar. Es gibt sanftere Sensibelchen, aber auch Hoppla-jetzt-komm-ich-Typen, die immer vorne mit dabei sind. Wer Hundeanfänger ist, ist meist mit einem Welpen aus dem »Mittelfeld« gut beraten. Für sehr sensible oder besonders draufgängerische Vierbeiner ist viel Wissen über Hundeverhalten und am besten auch praktische Erfahrung nützlich. Ein sehr sanfter Zweibeiner kann mit einem eigenständigen, selbstbewussten oder »grobmotorischen« Labrador rasch überfordert sein, ein sensibler Welpe aber ebenso mit einer turbulenten Familie. Überlegen Sie, welcher Typ Labrador zu Ihnen passen würde.

Über den Grundcharakter eines Welpen lässt sich erst relativ spät genauer etwas aussagen. Deshalb macht es wenig Sinn, sich schon nach

drei, vier oder fünf Wochen einen Welpen aus-
zusuchen. Natürlich spielen auch die Eigenschaften der Eltern eine Rolle, die sie den Welpen vererben. Ein Züchter, der sich mit Hundeverhalten auskennt und sich auch immer wieder einzeln mit den Welpen beschäftigt, wird
gut über seine Labradorkinder Bescheid wissen.
Er wird Sie bei der Auswahl unterstützen oder
Ihnen einen bestimmten Welpen vorschlagen.

Welpentests

Manche Labradorzüchter lassen ihre Welpen
testen. Dabei wird jeder Welpe einzeln in fremder Umgebung von einem ihm fremden Menschen getestet. Wie hoch ist sein Menschen-
bezug? Nimmt er von selbst Kontakt auf?

Orientiert er sich am Menschen, oder ist ihm
die Umgebung wichtiger? Ist ihm die fremde
Umgebung unangenehm? Wie verhält er sich
bei einem unbekannten Geräusch? Apportiert
er, oder möchte er »Beute« in Sicherheit bringen, oder interessiert sie ihn gar nicht? Wie
reagiert er auf leichten Stress? Diese und andere Aspekte werden getestet. Man sollte diesen
Test nicht überbewerten, aber auch für einen
erfahrenen Züchter ergibt er eine Abrundung
des Eindrucks. Für einen Neuzüchter ohne
Hundeerfahrung kann er nützliche Informationen über die Grundveranlagung der Welpen
geben. Für den zukünftigen Besitzer sind die
Infos hilfreich im Hinblick auf den richtigen
Umgang und die weitere Sozialisierung.

*Wer die Wahl hat, hat
die Qual und am liebsten
würde man alle Welpen
mitnehmen. Doch entschei-
den Sie danach, was Sie
von Ihrem Hund erwarten
und welcher vom Typ am
besten zu Ihnen passt.*

Die Grundausstattung

Damit der vierbeinige Familienzuwachs sich wohlfühlt, braucht er eine Grund-ausstattung. Kaufen Sie diese am besten beim Zoofachhändler. Dort können Sie sich auch fachmännischen Rat zu unterschiedlichen Produkten holen. Nachfolgend finden Sie die wichtigsten Dinge für einen gelungenen Start.

Leine und Halsband

Pflegeleicht sind Leine und Welpenhalsband aus Nylongewebe. Das Halsband muss in der Weite regulierbar sein. Die Leine sollte sich mittels eines zusätzlichen Karabiners in der Länge variieren lassen. Damit können Sie sie auch problemlos etwa am Tischbein festmachen.

Eine Retriever- oder sogenannte Moxonleine, die relativ dünn und Leine und Halsband in einem ist, brauchen Sie für den Welpen noch nicht. Frei laufend hat er damit kein Halsband an und Sie können ihn, wenn nötig, nur am Fell festhalten. Wenn der Hund später gut ausgebildet ist und vor allem dann, wenn Sie mit ihm arbeiten, ist sie notwendig und praktisch. Denn der Labrador arbeitet sowohl auf der Jagd als auch im Dummysport ohne Halsband, damit er sich nirgends verheddern kann. Eine Moxonleine lässt sich rasch abnehmen und in die Tasche stecken. Kaufen Sie dann eine mit Stopp. Der verhindert, dass sie sich unbegrenzt zuzieht.

Ein Brustgeschirr?

Ein normales Halsband schadet einem Labrador auch als Welpe nicht. Denn schon der Welpe soll lernen, dass Zerren an der Leine tabu ist. Im Alltag ist das nicht immer einfach umzusetzen. Gibt es Situationen, in denen Sie das Leineziehen nicht verhindern können, etwa wenn Sie samt Hund zu Fuß das Kind in den Kindergarten bringen müssen, können Sie ein Geschirr verwenden. Das Halsband legen Sie dann an,

wenn Sie auf ordentliches Laufen an lockerer Leine achten können. Aber Achtung – läuft der Welpe überwiegend zerrend am Geschirr und nur wenig mit Halsband an lockerer Leine, wird er trotzdem Letzteres nicht so gut lernen. Mehr dazu im nächsten Kapitel ab Seite 82.

Die Hundepfeife

Vor allem für die retrievertypische Ausbildung ist eine Hundepfeife unerlässlich. Aber auch im Alltag ist sie hilfreich. Manche Züchter konditionieren bereits die Welpen auf den Komm-Pfiff. Sie sollten dann die gleiche Pfeife verwenden. Die bekommen Sie vom Züchter oder im Fachhandel über das Internet. Meist werden sogenannte ACME-Pfeifen verwendet. Vorteile der Pfeife sind zum einen ihr markanter Ton, der sich deutlich vom menschlichen Redefluss unterscheidet, zum anderen kann sie der Hund im Vergleich zum Rufen über viel weitere Entfernungen hören. Spätestens wenn Sie einmal starke Halsschmerzen haben, werden Sie sich freuen, Ihren Hund auch auf die Pfeife trainiert zu haben. Wie Sie den Welpen darauf konditionieren, erfahren Sie im nächsten Kapitel.

Näpfe

Ihr Labrador braucht einen Futter- und einen Wassernapf. Für welches Modell Sie sich entscheiden, ist Geschmackssache, wichtig ist aber, dass sie rutschfest stehen und leicht zu reinigen sind. Höhenverstellbar müssen sie nicht sein.

Nur noch ein paar Wochen, dann zieht das Fellknäuel ein! Bereiten Sie rechtzeitig alles vor und erledigen Sie vorher alles, was sich erledigen lässt. Das erspart Ihnen und dem Labikind Stress.

Entfernen oder sichern Sie giftige Pflanzen in Haus und Garten. Dazu gehören im Haus Amaryllis und Diefenbacchie. Giftig im Garten sind beispielsweise Engelstrompete, Eibe, Fingerhut, Goldregen und Herbstzeitlose.

Hundebett

Sie haben die Qual der Wahl. Wichtig ist, dass das Hundebett leicht sauber zu halten ist. Es muss so groß sein, dass der Welpe ausgestreckt bequem liegen kann. Manche Welpen sind recht »kreativ« und bearbeiten ihr Bett mit Krallen und Zähnen. Wenn Sie jetzt noch keine Luxusausführung kaufen, können Sie einer eventuell kürzeren Lebensdauer lockerer entgegensehen.

Die Hundebox

Eine Box ist gerade im Welpen- und Junghundealter hilfreich: Sie dient als Rückzugsort für den Hund, wenn zum Beispiel zu viel los und der Hund dadurch zu aufgedreht ist oder Kinder ihn nicht in Ruhe lassen. Aber auch, wenn Sie eine Zeit lang nicht auf den Welpen achten können, weil Sie etwa ein längeres Telefonat führen müssen, Ihr Kind Vokabeln abfragen wollen oder die Wohnung wischen müssen, ist der Welpe in seiner Box gut aufgehoben. Nicht zu vergessen ist ihr Nutzen für die Erziehung zur Stubenreinheit nachts. Sehr empfehlenswert ist eine Box für das Auto. Der Hund ist sicher untergebracht, und auch wenn die Heckklappe offen ist, kann nichts passieren.

Es gibt verschiedene Ausführungen – klappbare Gitterboxen oder Transportboxen aus Kunststoff oder textilem Material. Die Größe sollten Sie so wählen, dass sie auch für den erwachsenen Hund reicht und er darin stehen und bequem liegen kann. 90 mal 60 Zentimeter groß sollte die Grundfläche für einen Labrador deshalb schon sein. Die Höhe beträgt dann um die 70 Zentimeter.

Sonstige Vorbereitungen

Der große Tag naht, endlich können Sie Ihren Welpen abholen! Eines sollten Sie aber vorher unbedingt noch tun – machen Sie Ihre Wohnung welpensicher. Gefährliche Bereiche und solche, die tabu sein sollen, machen Sie unzugänglich. Treppenauf- und -abgänge sperren Sie mit einem Kinderabsperrgitter ab. Den Gartenteich, Kellerschächte und auch ihre Lieblingsbeete zäunen Sie am besten ein. Kinderspielzeuge sollten welpensicher weggeräumt, frei liegende Kabel, Reinigungsmittel, Schneckenkorn und Ähnliches für den Hund unerreichbar sein. Giftige Pflanzen in Haus und Garten entfernen Sie oder machen sie unzugänglich. Gehen Sie durch Wohnung und Garten und versetzen Sie sich dabei in Ihren neugierigen Labradorwelpen.

Außerdem sollten Sie, kurz bevor Sie den Welpen abholen, eine Familienkonferenz abhalten und gemeinsam überlegen, welche Regeln für Ihr neues Familienmitglied gelten sollen. Denn viele lästige Angewohnheiten wie Betteln oder Anspringen können Sie ganz leicht vermeiden, wenn sich alle einig sind und daran halten, dass der Hund nichts am Tisch bekommt und das beim Welpen noch niedliche Anspringen nicht belohnt wird.

Zur Grundausstattung eines Labradors gehören unter anderem ein Hundebett, Leine, Halsband und die Hundepfeife. Für Herrchen oder Frauchen ist eine wetterfeste Outdoorausrüstung Pflicht.

Ihr Labrador zieht ein: Die ersten Wochen

Jetzt ist Sie es endlich so weit: Sie holen Ihren Labiwelpen beim Züchter ab. Mit dem neuen Familienmitglied auf dem Arm fahren Sie nach Hause und eine neue Zeitrechnung beginnt: die Zeit mit Ihrem Labrador!

Vergessen Sie bei der Abholung Leine und Halsband nicht sowie eine Rolle Küchenpapier (falls dem Welpen unterwegs übel wird), Wasser und eine Hundedecke.

Haben Sie eine lange Heimfahrt vor sich, planen Sie Pausen ein. Achtung – lassen Sie den Welpen dabei stets angeleint! Fahren Sie möglichst zu zweit. Dann kann sich während der Fahrt einer um den Hund kümmern. Ob Sie den Welpen im Fußraum des Beifahrersitzes, auf dem Schoß oder in der Box unterbringen (etwa wenn Sie alleine fahren müssen), ist Ihre Entscheidung. Zuhause bringen Sie den Kleinen zuerst in den Bereich, in dem er sich lösen soll. Vielleicht tut er es auch gleich. Danach lassen Sie ihn sich im neuen Zuhause in Ruhe umsehen. Zeigen Sie ihm, wo sein Wassernapf steht. Ist er müde, lassen Sie ihn dann in Ruhe schlafen. Auch wenn es Ihren Freunden und Verwandten schwerfällt – lassen Sie den Welpen in den ersten Tagen in Ruhe und ungestört seine neuen Bezugspersonen und sein neues Zuhause kennenlernen. Auch Spaziergänge braucht der junge Labrador noch nicht.

Die erste Nacht

Es kann sein, dass Ihr Welpe in der ersten Nacht noch unruhig ist. Wichtig ist, dass er ganz in Ihrer Nähe schläft. Allein zu schlafen ist für ihn unnatürlich, außerdem schadet es der Erziehung zur Stubenreinheit, wenn er nachts in die Wohnung machen kann.

Bringen Sie den Welpen so spät wie möglich noch einmal zum Lösen hinaus. Danach kommt er in die Box, schließen Sie die Tür. Da er seinen Schlafplatz nicht beschmutzen möchte, wird er unruhig werden, falls er »muss«. Versuchen Sie aber abzuschätzen, ob er »muss« oder ob ihm nur langweilig ist. War er kurz vorher erst draußen, muss er sich mit großer Wahrscheinlichkeit nicht lösen. Dann ignorieren Sie ihn. Er wird sich beruhigen. Lassen Sie ihn nicht in der Box dort schlafen, wo Sie nicht hören, wenn er unruhig wird! Falls er sich lösen muss und Sie ihn nicht hören, ist es für den Welpen eine Qual, sich letztlich auf seinem Schlafplatz erleichtern zu müssen. Manche Welpen halten nachts von Anfang an durch, manche müssen ein- oder mehrmals hinaus.

Die Stubenreinheit

Das ist das Erste, was der Welpe lernen muss. Es ist aber nicht schwierig. Durch Winseln machen sich nur wenige Labradors bemerkbar. Behalten Sie deshalb das Hundekind immer im Auge. Sobald der Welpe am Boden zu schnüffeln beginnt, unruhig wird, an der Tür steht oder sich im Kreis dreht, nehmen Sie ihn hoch und tragen ihn zu seinem Löseplatz. Das ist auch morgens das Erste, was Sie tun sollten. Bringen Sie ihn auch zwischendurch immer wieder hinaus, besonders während des Spielens, nach dem Aufwachen oder dem Füttern. Passiert doch einmal ein Malheur im Haus,

Der kleine Labrador ist endlich bei Ihnen eingezogen! Die Freude ist groß, aber geben Sie ihm Zeit, sich in Ruhe einzugewöhnen und seine neue Umgebung und Familie kennenzulernen.

entfernen Sie es kommentarlos, und achten Sie künftig besser auf ihn. Schimpfen Sie Ihr Hundekind deshalb nicht aus!

Gewöhnung an Leine und Halsband
Das Halsband lassen Sie dem Welpen tagsüber einfach an, sofern er nicht alleine zu Hause ist. Es darf aber nicht zu eng sein, zwei Finger breit sollte Platz sein. Anfangs kratzen sich viele Welpen immer wieder, das gibt sich aber nach einigen Tagen meist. An der Leine locken Sie den Kleinen etwas, dann läuft er gewiss mit. Laufen Sie mit dem Welpen am besten nur wenig und kurze Strecken an der Leine, damit er sich das Zerren erst gar nicht angewöhnt.

Gewöhnung an die Hundebox
Möglicherweise kennt Ihr Welpe die Box schon vom Züchter. Aber auch wenn nicht, wird er sich schnell an seine »Höhle« gewöhnen. Machen Sie es ihm mit seiner Decke gemütlich, und stellen Sie die Box tagsüber dorthin, wo er zwar dabei ist, aber auch Ruhe hat, also in eine ruhige Zimmerecke. Sonst sollte er kein Bettchen als Alternative haben. Nachts stellen Sie die Box neben Ihr Bett oder ganz in Ihre Nähe. Ist er müde, zum Beispiel nach dem Spielen oder einem Ausflug, und hat sich kurz vorher auch noch gelöst, bringen Sie ihn in seine Box, am besten samt einem Kauartikel und schließen die Boxentür. So ist er beschäftigt und schläft idealerweise danach ein. Sobald er auf-wacht, öffnen Sie die Tür ohne großes Begrüßen und noch bevor er womöglich zu protestieren beginnt. Also aufpassen, damit Sie diesen Moment nicht verpassen. Protestiert der Welpe, bevor er schläft, müssen Sie ihn ignorieren. Bleiben Sie in der Nähe, aber sprechen Sie nicht mit ihm, und schauen Sie ihn nicht an. Schenken Sie ihm keinerlei Aufmerksamkeit, egal wie lange er jammert. Nur so lernt der Welpe, dass Protestieren nichts bringt. Sobald er ein paar Momente ruhig ist, öffnen Sie die Tür. Das Timing ist wichtig – wie auch sonst in der Hundeerziehung! Einerseits darf der Welpe das Öffnen nicht mehr mit dem vorherigen Protest in Verbindung bringen, andererseits sollten Sie nicht zu lange warten, weil er dann womöglich wieder damit anfängt.

Die Bindung an Sie
Labradors sind sehr anhänglich und schließen sich von Anfang an, je nach Typ und Linie, unterschiedlich eng an ihre neue Bezugsperson an. Das ist in der Regel derjenige, der am meisten mit dem Welpen zusammen ist und sich mit ihm gezielt beschäftigt. Gemeinsames Kuscheln auf dem Teppich, erste kleine Übungen, gemeinsame kleine Ausflüge und die Fütterung festigen die Bindung zwischen dem Labradorkind und seinem Zweibeiner. Dabei lernt der Welpe auch gleich seinen Namen, wenn Sie ihn immer dann nennen, sobald darauf etwas für den Welpen Angenehmes oder Interessantes folgt.

Die meisten Welpen lieben Körperkontakt. Zunächst reichen die Familienmitglieder, danach sollte der Welpe die Möglichkeit bekommen, auch verschiedenste fremde Menschen positiv kennenzulernen.

Einen richtigen Spaziergang von gut einer halben Stunde können Sie mit Ihrem Labrador machen, wenn er ein halbes Jahr alt ist. Längere Joggingstrecken und Wanderungen von mehreren Stunden sind erst ab einem Jahr erlaubt.

Wenn Sie den Labrador in der Etagenwohnung halten, brauchen Sie in der Nähe einen Löseplatz. Erste »Ausflüge« dorthin reichen für den Anfang. Die Treppen tragen Sie ihn bis etwa zur 20. Woche.

Die Sozialisierung

Genau wie Menschenkinder müssen auch junge Hunde in die Gesellschaft hineinwachsen, in der sie leben, und zwar sowohl in die Menschen- als auch in die Hundegesellschaft. Diesen Prozess nennt man Sozialisierung. Ihr Züchter hat damit schon begonnen, nun ist es Ihre Aufgabe, das Begonnene fortzusetzen und den Welpen in den nächsten lernintensiven Wochen mit Ihrem und somit auch seinem neuen Lebensumfeld vertraut zu machen. Ermöglichen Sie ihm ausreichend Kontakt zu verschiedenen Menschen. Er lernt nach und nach Ihre Freunde und Bekannten kennen, auch unterwegs werden sich diverse Zweibeiner auf Ihren knuffigen Welpen »stürzen«.

Doch Achtung – dosieren Sie die Kontakte und vermeiden Sie, dass Ihr Welpe bedrängt wird. Auch wenn Labradors in der Regel sehr menschenfreundlich sind, sollte man sie nicht überstrapazieren. Eine Horde begeisterter Kinder etwa kann auch für einen Labrador viel zu viel sein. Wenn Ihr Welpe im Alltag dabei ist, wird er automatisch viele Eindrücke, sowohl optische wie auch akustische, mitbekommen. Achten Sie aber immer darauf, dass Sie ihn nicht überfordern, indem Sie sich zum Beispiel gleich in den ersten Tagen direkt an den Rand einer lauten und verkehrsreichen Straße stellen oder einen Jahrmarkt besuchen. Zeigen Sie ihm verschiedene Untergründe, nehmen Sie ihn mit in ein Kaufhaus, zum Bahnhof, in die Fußgängerzone oder in ein Café oder Restaurant. Erkunden Sie mit ihm auch Wald und Feld. Planen Sie aber nicht jeden Tag eine Großunternehmung ein und nicht mehrere am Tag. Der Welpe soll zwar gefördert, aber nicht überfordert werden.

Wie viel Bewegung?

Sicher träumen Sie schon von ausgedehnten Spaziergängen mit Ihrem Labrador, aber damit müssen Sie sich noch einige Monate gedulden. In der Natur bleiben Caniden (Hundeartige) die ersten Monate in der Nähe des Baus und trainieren im Spiel ihren ganzen Organismus. So werden sie fit, um später die Älteren auf Jagdzügen begleiten zu können. Ihr Labradorwelpe ist Spaziergängen also noch nicht gewachsen. Knochen, Gelenke und Bänder würden dabei durch den gleichförmigen Bewegungsablauf überlastet werden. Überlastet ist der Welpe nicht erst dann, wenn er nicht mehr kann. Dann war es schon viel zu viel für ihn! Außerdem kann zu viel einseitiges Laufen eine eventuell vorhandene Disposition zu Hüftgelenks- oder Ellenbogendysplasie ungünstig beeinflussen. Lediglich wenige Minuten am Stück sind in Ordnung. Die sollten Sie für strukturierte Bindungsspaziergänge (→ Seite 81) nutzen. Langes Spazierengehen um der Bewegung willen braucht der Welpe nicht. Lassen Sie ihn auch nicht aus oder ins Auto springen. Beim gelegentlichen Spielen mit Artgenossen achten Sie darauf, dass die Spielpartner in Größe und Spielstil

passen. Denn wird Ihr Welpe immer wieder von größeren oder schwereren Hunden überrannt, auch wenn die noch so gutmütig sind, tut auch das den Gelenken nicht gut. Kinder wissen oft nicht, wann es genug ist. Achten Sie darauf, dass sie nicht zu sehr mit dem Welpen toben.

Ruhe lernen

Ein Labrador mischt zwar gern überall mit und ist immer für ein Spiel zu haben, passt sich aber der jeweiligen Situation sehr gut an. Jetzt, wo der Welpe noch neu ist, würde sich am liebsten jeder dauernd mit ihm beschäftigen und ihn knuddeln. Aber zu viel ist für den Hund nicht gut. Kann er nicht zur Ruhe kommen, wird er hibbelig und nervös oder ist Beschäftigung so gewöhnt, dass er sie auch einfordert. Das ist für den Alltag nicht gut und für eine retrievertypische Ausbildung, in der Ruhe eine große Rolle spielt, ebenfalls nicht. Außerdem braucht ein Welpe sowieso sehr viel Schlaf, aber auch der erwachsene Labrador schläft viel. Sorgen Sie

daher dafür, dass Ihr Labrador seine Ruhephasen bekommt. Nicht immer soll und kann er im Mittelpunkt stehen, etwa dann nicht, wenn Sie essen, etwas am PC arbeiten, mit den Kindern lernen, zu Besuch oder in einem Lokal sind. Überdreht der Kleine zu Hause, weil beispielsweise die Kinder zu »wild« sind, bringen Sie ihn neutral, nicht etwa schimpfend, in seine Box. Die Box ist keine Strafe, sondern sein Rückzugsort! Dort kann er sich beruhigen, entspannen und abschalten. Falls Sie keine Box haben, machen Sie ihn mit der Leine an Ihrem Stuhlbein fest und ignorieren ihn. Mangels Alternativen wird er sich nach kurzer Zeit hinlegen und vermutlich einschlafen. Genauso verfahren Sie, wenn Sie mit dem Welpen in einem Lokal oder zu Besuch sind. Aber es muss ihn dann wirklich jeder in Ruhe lassen. Vorher sollte sich Ihr Welpe jedoch lösen und etwas bewegen können. Viele Labradorwelpen kommen leicht und von selbst zur Ruhe, manche Hundekinder aber müssen Ruhe erst lernen.

Der Züchter hat seinen Welpen schon Erfahrungen mit der Umwelt ermöglicht. Jetzt ist es an Ihnen, die Sozialisierungsphase weiter gut zu nutzen. Fördern Sie den Welpen, ohne ihn jedoch zu überfordern.

FREIZEIT MIT
DEM LABRADOR

*Der Labi liebt den engen Anschluss an seine Zweibeiner und ist unternehmungslustig –
Hauptsache, immer dabei! Das macht ihn zu einem perfekten Begleiter im Alltag und
in der Freizeit. Ob beim Wandern, Joggen oder auf ausgedehnten Spaziergängen und
Ausflügen, er ist überall gern an Ihrer Seite. Als aktive Jagdgebrauchshunderasse liebt
er aber nicht nur Bewegung, sondern auch Aufgaben für den Kopf. Ausgelastet und
zufrieden passt er sich so wunderbar dem Familienleben an.*

Beschäftigung und Erziehung

Für ein harmonisches Zusammenleben ist eine sorgfältige Erziehung eine wichtige Voraussetzung. Der Labrador ist relativ leicht zu erziehen, Sie müssen dafür aber einiges tun. Denn er erzieht sich nicht von selbst. Er muss lernen, Regeln zu befolgen und Ihnen zu gehorchen. Die Entspannung beim Spaziergang ist nämlich rasch dahin, wenn ein 30-Kilo-Labrador an der Leine zerrt, jeden anspringt oder meint, jeden Hund »bespielen« zu müssen. Konsequenz und sicheres Auftreten sind wichtig, damit Ihr Labrador Sie als übergeordneten Partner akzeptiert. Strahlen Sie Souveränität und eine natürliche Autorität aus, wird er Sie respektieren. Achten Sie im Umgang mit ihm darauf, dass er sich größtenteils nach Ihnen richtet und nicht umgekehrt – trotz seines »Ich bin doch so lieb«-Blickes. Investieren Sie die nötige Zeit in seine Erziehung und bauen die Übungen richtig auf, werden Sie bald die Früchte ernten.

Das Pflichtprogramm für Ihren Labrador

Eine Grunderziehung ist aber nicht nur für den Alltag wichtig, sondern auch Voraussetzung für jede weitere Ausbildung wie zum Beispiel das Dummytraining. Aber Erziehung und Beschäftigung sind für Mensch und Hund keine lästigen Pflichten, sondern machen ausgesprochen viel Spaß. Gemeinsames Üben und Erleben fördern den Zusammenhalt zwischen Ihrem Labrador und Ihnen.

Ordentliches Gehen an der Leine ist bei einem Hund von der Größe eines Labradors unabdingbar. Sonst zieht Ihr Vierbeiner Sie mit seiner Kraft mühelos durch die Stadt sowie durch Wald und Feld.

Beginnen Sie schon mit dem Welpen, das erspart später viel Arbeit. Üben Sie täglich in kleinen Einheiten und dem Alter und Können Ihres Hundes angepasst. Trainiert werden die Übungen zuerst ohne Ablenkung. Erst mit zunehmendem Können werden sie nach und nach unter immer mehr Ablenkung gefestigt.

So lernt Ihr Hund

Ein Labrador lernt gern und schnell, auch dann, wenn Sie nicht gerade etwas üben. So lernt er leicht auch Dinge, die Sie eigentlich gar nicht möchten. Er zieht an der Leine, und Sie gehen mit. Schon lernt er, dass Zerren sich lohnt. Was Ihr Labrador nicht tun soll, darf keinen Nutzen

für ihn haben. Denn Hunde lernen vor allem am Erfolg. Daher ist es wichtig, dass Sie Ihrem Labrador Dinge, die er können soll, so beibringen, dass es sich für ihn lohnt, sie zu tun. Aber natürlich soll er Ihnen auch deshalb gehorchen, weil Sie ihm durch souveränes Auftreten zeigen, dass Sie der Teamchef sind. Deshalb sollten Sie sich auch konsequent durchsetzen, wenn er eine Übung, die er kann, nicht gleich befolgt. Damit er weiß, wann eine Übung zu Ende ist, und er sie nicht selbst beendet, lösen Sie sie immer auf. Entweder folgt eine andere Übung, oder Sie beenden das Training mit immer demselben Hörzeichen, zum Beispiel »Fertig«.

Lob und Tadel

Für die meisten Labradors ist Fressen ein absolutes Highlight. Das macht es einfach, sie mit einem Happen zu belohnen. Aber auch Stimme, Kraulen oder ein fliegender Ball sind je nach Hundetyp eine geeignete Belohnung.
Doch ein Labrador macht nicht immer nur das, was er soll. Dann muss er korrigiert werden. Wie, das hängt vom Typ ab. Ihr Labrador steht beispielsweise gerade unerlaubt aus dem Ablegen auf oder kaut am Stuhlbein. Bei einem sensiblen Exemplar reicht zur Korrektur vielleicht schon ein entsprechender Blick oder ein »knurriges« Räuspern. Ein anderer braucht dagegen eine deutlichere Ansage durch »drohendere« Körpersprache, einen beherzten Griff ins Fell oder einen Schubser. Sie müssen Ihren

Der Labrador ist unkompliziert, aufmerksam und lernt gern. Doch eine systematische Erziehung und Ausbildung ist eine wichtige Voraussetzung für das Zusammenleben.

Hund möglichst gut einschätzen können, um richtig zu reagieren.

Der Labrador und Artgenossen

Labradors haben oft eine starke Affinität zu Artgenossen und wollen immer nur toben, ganz egal was der andere Hund signalisiert. Sie überlegen, mit Ihrem Welpen eine Welpengruppe zu besuchen? Das ist gut, vor allem, wenn Sie Hundeanfänger sind. Doch eine solche Gruppe muss kompetent geführt und soll keine Spielgruppe sein. Im Mittelpunkt stehen Bindungsübungen für Hund und Mensch und solche, bei denen schon der kleine Labrador lernt, dass er nicht zu jedem Artgenossen kann. Darf Ihr Labrador dagegen in der Hundeschule über Wochen überwiegend und/oder schon zu Beginn der Kursstunde mit den anderen toben, wird er bald nicht mehr auf Sie achten, sobald ein Artgenosse auftaucht. Das kann sehr unangenehm werden, denn nicht jeder Hund darf oder möchte mit Ihrem spielen. Das gilt aber nicht nur für Erlebnisse in der Hundeschule, sondern auch für den normalen Alltag. Üben Sie also vor allem, dass er andere Hunde ignoriert und ordentlich vorbeigeht.

Der Labrador und Menschen

Der typische Labrador ist Menschen gegenüber freundlich und interessiert. Doch genauso wie es – tendenziell mehr in den Arbeitslinien – zurückhaltende Exemplare gibt, gibt es – tendenziell mehr in den Showlinien – solche, die zu aufdringlich und distanzlos sind. Sie neigen dazu, jeden Zweibeiner stürmisch anzuspringen. Das ist bei 35 Kilo kein Vergnügen. Achten Sie also von Anfang an auf ruhige Kontaktaufnahme und darauf, dass Anspringen nicht bewusst oder unbewusst gefördert wird (→ auch Seite 132, Probleme). Falls Ihr Labrador kein Interesse an fremden Menschen hat oder zurückhaltend ist, sollten Sie ihm keine Streicheleinheiten durch Fremde aufzwingen.

Bindungsspaziergänge

Ihr Welpe braucht noch keine Spaziergänge der Bewegung wegen. Aber nach etwa einer Woche Eingewöhnung steht bis etwa zur 20. Woche am besten täglich ein kleiner Bindungsspaziergang (je nach Alter 5 bis 15 Minuten) auf dem Programm, damit der Kleine lernt, von selbst darauf zu achten, wo Sie sind. Tragen, oder fahren Sie ihn in ein unbekanntes und gefahrloses Gelände. Setzen Sie ihn auf den Boden, und leinen Sie ihn ab. Nun gehen Sie los, der Welpe wird Ihnen folgen. Beim Losgehen können Sie ihn zunächst noch locken, dann sagen Sie nichts mehr. Gehen Sie so, dass er nicht rennen muss, aber auch keine Zeit hat für anderes, als Ihnen zu folgen. Möchte er überholen oder schlägt eine andere Richtung ein, drehen Sie sofort und zügig um und gehen in entgegengesetzter Richtung weiter. Der Welpe soll noch nicht vorauslaufen. Tut er hin-

So soll es sein! Ein Ruf oder Pfiff seines Zweibeiners und der Labrador kommt mit fliegenden Ohren angerannt. Mit dem richtigen Aufbau der Übung von klein an ist das kein Problem.

Hört Ihr Welpe Ihr »Hier« oder Ihren Pfiff in zu schwierigen Situationen und kommt nicht, kann sich das Signal nicht in der gewünschten Form festigen und verliert dann zunehmend an Bedeutung – damit ist Ihr Kommando ruiniert.

ter Ihnen etwas anderes, werden Sie schneller. So lernt er nachhaltig, dass Sie weg sind, wenn er nicht aufpasst. Auch mit dem älteren Hund können Sie das immer wieder mal machen, falls er sich zu weit entfernt.

Auch dabei gibt es individuelle Unterschiede. Sehr führige Welpen »kleben« ihrem Zweibeiner von Anfang an an den Hacken, selbstständigere müssen erst lernen, sich an ihm zu orientieren.

Kommen auf Ruf

Während Sie das Futter zubereiten, hält jemand den Welpen ein paar Meter entfernt fest. Er drängt sich zu Ihnen. Gehen Sie in die Hocke, und stellen Sie den Napf direkt vor sich auf den Boden. Nun rufen Sie »Hier« oder pfeifen mit der Hundepfeife zweimal kurz nacheinander (Doppelpfiff). Der Welpe wird losgelassen, läuft zu Ihnen, wird gelobt und darf fressen. Nach einigen Tagen rufen Sie ihn nicht nur an seinem Futterplatz, sondern an unterschiedlichen Stellen innerhalb der Wohnung zu sich, auch ohne dass er festgehalten wird und aus unterschiedlichen Entfernungen. Klappt das problemlos, verlegen Sie die Übung ins Freie, aber noch ohne Ablenkung und zunächst aus kurzer Entfernung. Die Belohnung bekommt er jetzt aus der Hand. Kommt er besonders schnell oder schon unter Ablenkung, gibt es mehr Belohnungshappen. Pfeifen oder rufen Sie ihn in den nächsten Wochen nur dann, wenn er hundertprozentig kommt. Sind Sie sich

nicht sicher, locken Sie ihn einfach mit spannender Stimme oder seinem Namen, damit Sie sich im Zweifel Ihr Kommando nicht ruinieren.

Leinenführigkeit

Achten Sie von Anfang an darauf, dass Ihr Labrador nicht zerrt. Üben Sie schon gezielt mit dem jungen Welpen, laufen Sie aber mit ihm keine längeren Strecken an der Leine. Machen Sie die Leine dazu etwas länger. Bleiben Sie stets sofort stehen, kurz bevor die Leine sich strafft. Reden Sie nicht mit ihm. Erst wenn die Leine wieder locker ist, weil der Welpe etwa ein Stück zurückgeht oder sich setzt, gehen Sie weiter. Sobald er wieder ziehen möchte, stoppen Sie wieder usw. Er lernt, dass er mit Zerren nicht weiterkommt.

Ist der Welpe schon etwas älter oder schon ein Junghund und hilft Stehenbleiben nicht, kehren Sie stattdessen zügig um, und zwar immer wieder kurz bevor (!) die Leine sich strafft und gehen weiter. Achtet der Hund nicht darauf, wohin Sie gehen, ist die Leine irgendwann straff, und er muss umkehren. Dosieren Sie Ihr Tempo so, dass der Hund zwar »umgedreht« wird, aber kein zu starker Impuls entsteht. Er lernt so, dass es angenehm ist, wenn die Leine locker bleibt. Bei entsprechender Konsequenz wird er bald brav an lockerer Leine laufen. Manchmal ist es nützlich, zwischen Halsband und Geschirr zu unterscheiden. Lesen Sie dazu auch auf Seite 66 weiter.

Aufmerksam sitzt dieser Labrador bei Fuß und wartet auf die »Anweisung« seiner Besitzerin. Erst dann wird diese Übung durch eine andere aufgelöst, oder der Vierbeiner darf frei laufen.

Bei Fuß

Dabei läuft der Hund dicht an Ihrer Seite und auf Kniehöhe. Korrektes Bei-Fuß-Laufen ist bei allen Arten der Hundeausbildung wichtig. Aber auch im täglichen Leben, wenn Sie mit dem angeleinten Hund eine Treppe hinauf oder hinuntergehen, wenn etwa ein Jogger kommt oder wenn Sie in der Stadt unterwegs sind. Grundsätzlich ist es egal, ob Sie Ihren Hund immer rechts oder links Fuß führen. Entscheiden Sie sich für links, nehmen Sie den angeleinten Welpen zum Beispiel an Ihre linke Seite. Die Leine hängt etwas durch, und Sie halten sie in der rechten Hand. In der linken Hand haben Sie einen Happen. Lassen Sie den linken Arm an der Körperseite nach unten hängen, und zeigen Sie dem Welpen den Happen. Sobald er daran interessiert ist, gehen Sie relativ zügig los. Er wird an Ihrer Seite bleiben und am Häppchen lecken. Während des Gehens sagen Sie hin und wieder »Fuß«. Nach nur wenigen Metern lassen Sie ihn sitzen und geben ihm den Happen. Nehmen Sie einen neuen Happen und weiter geht es. Bauen Sie auch Schlangenlinien ein. Dehnen Sie die Strecken langsam aus. Läuft Ihr Welpe schön mit? Dann nehmen Sie nach dem Losgehen die Hand samt Leckerchen etwas nach oben an Ihre Jackentasche. Ihr Welpe schaut noch zu Ihnen. Schon nach zwei, drei Schritten belohnen Sie ihn noch im Gehen und lassen Sie ihn danach sitzen. Wichtig ist, dass er den Happen noch bekommt, so-

lange er während des Gehens zu Ihnen schaut. Dehnen Sie auch die Strecken ohne Leckerchen allmählich und mit Gefühl aus. Nach einigen Wochen bleiben die Leckerchen fast ganz weg. Üben Sie in unterschiedlichem Gelände, auch mal über liegende Baumstämme oder Böschungen hinauf oder hinunter. Passen Sie den Schwierigkeitsgrad immer der Lerngeschwindigkeit Ihres Hundes an.

Sitz

Halten Sie dem Welpen ein Leckerchen über den Kopf. Egal was er tut, halten Sie die Hand ruhig und geschlossen. Bald setzt er sich – jetzt sagen Sie »Sitz« und geben ihm den Happen. Nach wenigen Tagen wird Ihr Welpe sich auf »Sitz« setzen. Jetzt dehnen Sie die Zeit aus und belohnen ihn erst für längeres Sitzen. Nur noch ab und zu gibt es einen Happen. Außerdem lassen Sie den Welpen nun einige Momente vor dem vollen Napf sitzen, bis Ihr Auflösungshörzeichen kommt. Üben Sie ruhiges Sitzen vor allem für die Dummyarbeit unter immer mehr und höherer Ablenkung und bis zu mehreren Minuten lang.

Platz

Sobald Ihr Welpe das Sitzen kann, beginnen Sie mit dem Platz. Halten Sie dem sitzenden Welpen ein Häppchen direkt vor die Nase. Führen Sie es nun langsam und gerade (!) oder leicht seitlich dicht am Hund nach unten.

Der Welpe folgt mit der Nase und wird sich ins Platz legen. Erreichen Ellenbogen und Bauch den Boden, sagen Sie »Platz« und Ihr Labrador bekommt seinen Happen. Bevor er von selbst aufsteht, lösen Sie die Übung auf.

Sobald er sich auf »Platz« hinlegt, bekommt er den Happen erst, nachdem er – allmählich immer länger – liegen geblieben ist und nicht nach dem Futter bohrt. Nun bleibt Ihre Hand gelegentlich auch leer.

Bleib

Bleibt Ihr Welpe ruhig neben Ihnen sitzen und liegen, lernt er, allein an einer Stelle zu bleiben. Setzen oder legen Sie ihn dazu an Ihre Seite. Nun stellen Sie sich mit »Bleib« direkt vor ihn, zu ihm gewandt. Bleiben Sie kurz vor ihm stehen, und kehren Sie wieder zurück. Loben Sie ihn mit ruhiger Stimme und ohne Leckerchen, das erhöht nur seine Spannung. Er soll aber völlig entspannt warten. Beim Bleiben im Platz darf der Hund sich nach Ihrer Rückkehr erst auf Ihr »Sitz« aufsetzen. Dehnen Sie beim Bleiben immer erst die Zeit aus, dann die Entfernung, und steigern Sie die Ablenkung. Eine gute Übung, die auch für das Dummytraining nützlich ist, ist diese: Der Hund sitzt, Sie stehen ihm einige Meter gegenüber. Nun werfen Sie ein Dummy (oder einen Ball) schräg hinter sich. So sind Sie bei einem eventuellen Fehlstart des Hundes schneller am Dummy als er. Mit zunehmendem Können werfen

Sie das Dummy neben sich, dann vor sich, dann neben den Hund, vor ihn und letztlich auch über ihn. Er bleibt stets sitzen, und Sie heben das Dummy auf.

Auch mit dem Hund bei Fuß können Sie solche »Wurfübungen« machen.

Unterwegs mit dem Labrador

Ihr Labi liebt es, mit Ihnen in der Natur unterwegs zu sein. Zum Joggen können Sie ihn mit etwa einem Jahr mitnehmen. Beginnen Sie mit kurzen Strecken und gemäßigtem Tempo. Ähnlich ist es mit dem Wandern. Gehen Sie nicht gleich ins Hochgebirge. Denken Sie daran, Wasser mitzunehmen und bei längeren Touren einen Hundesnack. Spaziergänge können Sie abwechslungsreich gestalten, in dem Sie Übungseinheiten einbauen, Ihren Labi seinen Lieblingsball suchen lassen oder kleine Wassergräben, Baumstämme und Ähnliches für Geschicklichkeitsübungen nutzen.

Richtig belohnen

Verwenden Sie als Belohnung relativ kleine, weiche Häppchen. Ziehen Sie die Menge der Leckerchen von seiner täglichen Futterration ab, sonst hat ihr Labi bald zu viel auf den Rippen. Belohnen Sie zu Beginn des Lernens jede richtige Ausführung einer Übung. Wenn der Hund sie beherrscht, gibt es nur noch ab und an etwas. Für besondere Leistungen gibt es auch mal mehrere Happen auf einmal.

Sich der Situation anzupassen und Ruhe zu geben, wenn nichts los ist oder niemand Zeit für ihn hat, muss ein Labrador lernen. Ebenso auf Kommando an einer bestimmten Stelle liegen zu bleiben.

Dummytraining

Ein typischer Labrador arbeitet gern mit seinem Menschen und braucht Arbeit für den Kopf. Was liegt da näher, als ihm das zu bieten, wofür er gezüchtet wurde – das Apportieren. Dazu müssen Sie kein Jäger sein. Sie brauchen nur ein paar Dummys.

Da nicht jeder Labi-Halter seinen Hund jagdlich einsetzen kann und will, kamen in Großbritannien Dummys (englisch für »Attrappe«) als Wildersatz auf. Aber sie dienen auch dazu, den Leistungsstand der jagdlich geführten Hunde in der jagdfreien Zeit zu erhalten.

Dummys sind mit Kunststoffgranulat gefüllte »Stoffsäckchen« in Form einer Rolle. An einer Seite ist ein kleines Wurfband. Es gibt sie in unterschiedlichen Größen, Gewichten und Ausführungen. Normalerweise wird, sobald der Junghund groß genug ist und auch auf Prüfungen, mit 500-g-Standarddummys gearbeitet. Da Retrieverarbeit immer in Wald und Feld stattfindet, lassen sich Trainingseinheiten in jeden Spaziergang integrieren. Es macht alleine Spaß, aber auch mit Gleichgesinnten. Der Gehorsam wird dadurch weiter gefestigt und auch die Bindung zwischen Mensch und Hund. Der Labrador eignet sich natürlich auch für andere Ausbildungen. Dieses Rasseporträt möchte Ihnen jedoch einen Einblick in die rassetypische Ausbildung geben.

Hier finden Sie Erklärungen der Begriffe und Übungen, die Ihnen im Zusammenhang mit der Retrieverarbeit immer wieder begegnen werden.

Bei all diesen Übungen arbeitet man zunächst mit kurzen Entfernungen. Beim Voranschicken und bei Markierungen liegt das Dummy nicht weit vom Hund weg, ebenso bei der freien Verlorensuche. Bei der kleinen Suche ist die Distanz zwischen Hund und Hundeführer zunächst klein. Beim Einweisen (»Rüber«, »Back«) sind die Distanzen Hund–Hundeführer und Hund–Dummy gering. Allmählich erhöht man die Entfernungen, beim Einweisen zuerst die zwischen Hund und Dummy.

Die Markierung oder »mark«

Auf einer Jagd knallt ein Schuss, der Fasan fällt, der Hund beobachtet das (to mark = beachten). Im Dummysport wird von einem Helfer ein Dummy mit einem Geräusch (Schreckschusspistole oder ein »Brrr«) in hohem Bogen an Land oder ins Wasser geworfen. Der Hund sitzt bei Fuß, beobachtet die Flugbahn je nach Gelände ganz oder teilweise und merkt sich, wo das Dummy fällt. Erst auf ein Kommando darf er es holen.

Das nicht sichtige Dummy oder »blind«

Auf der Jagd kommt es vor, dass der Hund nicht sehen konnte, dass ein Vogel geschossen wurde. Der Hundeführer aber schon, oder er bekommt gesagt, wo der Vogel liegt. Im Dummytraining wird dabei ein Dummy nicht sichtbar (»blind«) für den Hund ausgelegt. Der Labrador wird nun dorthin eingewiesen. Das Einweisen ist eine Spezialdisziplin der Retriever. Der Hund sitzt bei Fuß und wird von dort aus voran- und mit richtungsweisenden Handzeichen und Pfiffen zum Dummy geschickt. In der höchsten Schwierigkeitsklasse können das 150 Meter und mehr, noch dazu in unwegsamem Gelände, sein. Die einfachere Vorstufe sind »beschossene Blinds«. Dabei wird ein Dummy nicht sichtbar für den Hund ausgelegt, dort, wo es liegt, aber ein Schuss oder ein stimmliches »Brrr« abgegeben. Hat der Vierbeiner über Markierungen Geräusch und

Da schlägt das Labrador-
herz höher! Wildtasche
und Waffe lassen
keinen Zweifel – ein
echter Retrieverausflug
steht bevor. Geduldig
wartet die Hündin
darauf, dass es losgeht.

Dummy verknüpft und kennt Memorys (siehe unten), vertraut er darauf, dass dort etwas liegt. Das beschossene Blind ist die letzte Vorstufe zum echten Blind.

Das Memory – zeitverzögertes Bringen

Ein Labrador kann nicht ohne Trainingsaufbau ein »Blind« arbeiten. Das Memory, deutsch »Erinnerung«, ist ein wichtiger Baustein auf dem Weg zum Blind. Es wird für den Hund sichtbar ein Dummy an einer bestimmten Stelle ausgelegt. Der Hund wird aber nicht gleich geschickt, sondern erst nach ein paar Minuten und allmählich immer später sowie von verschiedenen Stellen aus. Fortgeschrittene Labradors schauen schließlich auch beim Auslegen nicht mehr zu. Dummys werden zum Memory – der Hund erinnert sich, dass vorher ausgelegt wurde, oder dass er an dieser Stelle bisher immer etwas gefunden hat.

Die Suche

Es wird zwischen kleiner Suche und freier Verlorensuche unterschieden. Bei der kleinen Suche weiß der Zweibeiner genau, in welchem Bereich, z. B. vor einem bestimmten Gebüsch, das Dummy liegt. Er dirigiert seinen Hund dorthin und gibt ihm das Zeichen, genau dort zu suchen. Anders bei der freien Verlorensuche: Der Hundeführer weiß nur, dass in einem größeren Gebiet, etwa einem Waldstück von 50 mal 50 Metern, irgendwo Dummys liegen. Der Hund wird ohne starre Richtungsvorgabe in das Gebiet geschickt, das er nun selbstständig absucht.

Standruhe (Steadiness) und Schussfestigkeit

Standruhe heißt, der Labrador bleibt, egal wie viele Dummys und Schüsse um ihn herum fallen oder ob andere Hunde arbeiten, stets aufmerksam, aber vollkommen ruhig bei Fuß. Schussfest heißt, dass er auf Schüsse aufmerksam oder neutral reagiert, ohne jegliche Zeichen von Verunsicherung. Beide Eigenschaften sind zum großen Teil Veranlagung, lassen sich aber durch durchdachtes oder weniger gutes Training positiv wie negativ beeinflussen. Standruhe können Sie üben, in dem Sie Ihren Labrador von Anfang daran gewöhnen, dass nicht jedes Dummy für ihn ist (→ auch Seite 92). Achten

Die Newcomer Trophy ist die jährliche Junghundemeisterschaft (Einzelwettbewerb), der German Cup (Teamwettbewerb) die deutsche Meisterschaft. Wer bei Einzelstarts auf einem Workingtest Platz 1 bis 3 belegt, qualifiziert sich für das jährliche Finale. Wer dreimal die offene Klasse gewinnt und auf einer Show ein »sg« erhält, wird DRC-Arbeits-Champion.

Sie aber nicht nur im Training, sondern auch im Alltag darauf, unruhiges und ungeduldiges Verhalten wie zum Beispiel Hektik oder Winseln aus Langeweile oder Ungeduld nicht zu belohnen – in der Ruhe liegt die Kraft. Nicht-apportieren zu üben ist vor allem auch in Verbindung mit »beschossenen« fliegenden Dummys bei Markierungen und Standtreiben sehr wichtig. Denn jedes der beiden für sich hat für einen passionierten Labrador schon einen hohen Reiz. Aber die Kombination von Schuss plus Dummy lässt viele Labradors oft zusätzlich »hochfahren«, wenn die Erwartungshaltung zu hoch wird.

Geländehärte und Wasserfreude
Auch diese Eigenschaften erwartet man von einem typischen Labrador. Geländehärte bedeutet, dass der Hund nicht zögert, in unwegsamem und unangenehmem Gelände (z. B. Brombeeren) zu arbeiten. Wasserfreudig ist der Hund dann, wenn er jedes Gewässer annimmt und schwimmt. Auch diese Punkte sind weitgehend Veranlagung.

Die verschiedenen Kommandos
Für Markierungen, Einweisen auf nicht sichtige Dummys und Suchen braucht man diverse Signale. Die einzelnen Bereiche werden separat trainiert und erst kombiniert, wenn der Hund sie wirklich beherrscht. Welche Kommandos Sie verwenden, ist egal. Wichtig ist, dass der

Hund Sie versteht. Ich stelle Ihnen die gebräuchlichen vor:
• »Voran«: Der Hund lernt, aus der Bei-Fuß-Position eine möglichst gerade Linie, 100 Meter und mehr zu laufen. Das Sichtzeichen ist der nach vorn gestreckte Arm auf Höhe des Hundekopfes samt etwas vorgestelltem Bein derselben Seite.
• »Stopp«: Auf einen längeren Pfiff stoppt der Hund und dreht sich zum Hundeführer, um dann nach links, rechts oder weiter geschickt zu werden.
• »Rüber« (oder englisch »Out«): Der Hund ist von der geraden Linie abgekommen, wird daher gestoppt und soll seitlich eingewiesen werden. Auf das Hörzeichen und einen waagerecht nach links oder rechts ausgestreckten Arm läuft der Hund nun seitlich in gerader Linie in die gezeigte Richtung.
• »Back« (engl.): Wieder wurde der Hund gestoppt, um die Richtung zu korrigieren. Nun soll er um 180 Grad drehen und weiterlaufen. Zusätzlich zum Hörzeichen geht der linke oder rechte Arm nach oben, der Hund läuft dann schräg nach links oder schräg nach rechts weiter. Manche verwenden auch für dieses Über-Kopf-schicken »Voran«.
• Suchenpfiff für die kleine Suche: Entweder viele kurze Pfiffe nacheinander oder eine bestimmte »Pfeifmelodie«, die Ihnen gefällt. Er ertönt beim Einweisen, sobald der Hund im Bereich des Dummys ist.

Auch wenn das Dummy gleich ins Wasser fliegt und mit einem Platsch landet – Standruhe ist gefragt. Der Labrador muss ruhig sitzen bleiben. Für einen allmählich daran gewöhnten Hund kein Problem!

• »Such« oder »High lost«: Das ist das Signal für die freie Verlorensuche.
• Doppelpfiff, »Hier«: Zwei kurze Pfiffe nacheinander sowie der Ruf »Hier« bedeuten sofortiges, direktes Kommen zum Hundeführer.
• »Apport« oder »Bring«: Damit wird der Labrador auf Markierungen geschickt.
All diese Übungen werden zunächst einzeln trainiert und erst mit entsprechender Routine des Hundes miteinander kombiniert.

Dummyprüfungen und Workingtests

Es gibt bei beiden drei Leistungsstufen – Anfänger (A), Fortgeschrittene (F) und Offene Klasse (O) –, wobei das Niveau der Workingtests (WT) deutlich höher ist als das der Arbeitsprüfungen mit Dummys (APD). Prüfungsordnungen regeln Ablauf und Aufgaben der APD, sodass man genau weiß, was auf einen zukommt. Mit einer bestandenen APD/A hat man die Startberechtigung für Workingtests. WTs sind Wettkämpfe ohne feste Prüfungsordnung. Das macht ihren besonderen Reiz aus. Meist gibt es fünf Stationen, an denen die Richter sich je nach Gelände und Klasse entsprechende Aufgaben ausdenken. Workingtests gibt es als Einzel- und Teamwettbewerb. Auch gibt es eine inoffizielle »Schnupperklasse« (S) für jene, die in das Metier hineinschnuppern möchten und noch keine Startberechtigung für die offiziellen Klassen haben. Bei manchen WTs gibt es auch eine Seniorenklasse für Hunde ab acht Jahren.

Meine Geschichte

Auf den Labrador gekommen bin ich 1997. Während mich als Kind Zwergpudel Vasco über 15 Jahre begleitete, sollte es zehn Jahre später ein mittelgroßer, kräftiger, sportlicher Hund werden. Mit diesen Vorgaben habe ich diverse Rassebücher gewälzt und blieb beim Labrador hängen, weil er mir optisch am besten gefiel. So zog Umba ein, ein chocolatefarbener Rüde aus den USA.

Kristina Trahms liebt die Arbeit mit ihren Hunden. Sowohl Dummytraining, wie auch viele jagdliche Einsätze während der Jagdsaison stehen zur Freude ihrer beiden Rüden auf dem Programm.

Umba hat mir gezeigt, dass man einen Labrador nicht nur zum Spazierengehen hat. Seine Apportierleidenschaft war groß, der Jagdtrieb ausgeprägt, leider konnte ich als Anfänger sein Arbeitspotenzial nicht erkennen. Dennoch hatten wir acht tolle gemeinsame Jahre. 2005 musste ich ihn viel zu früh einschläfern lassen. Einmal Labrador, immer Labrador – im Sommer 2005 kam Cooper (Manyoaks Ascot) aus Bayern zu mir an den Niederrhein. Mit ihm bin ich voll in die Dummyarbeit eingestiegen, besuchte Seminare und Trainings, schaute hier und da anderen Hundeführern zu und fand so meinen Weg mit ihm. Manchen Fehler hat er mir am Anfang verzeihen müssen, aber wir schafften es schließlich bis in die höchste Klasse in der Dummyarbeit. Parallel dazu bildete ich ihn für die jagdliche Arbeit aus. Gemeinsam haben wir viele erfolgreiche Jagdprüfungen absolviert. Insbesondere die Schweißarbeit ist seine Passion. Als echtes Naturtalent war früh klar, dass in diesem Bereich seine absolute Stärke liegt. Den Ausspruch »vertraue deinem Hund« habe ich erst wirklich verstehen gelernt, als ich das erste Mal hinter ihm am Riemen durch den Wald stapfte, verzweifelt versuchte, mich zu orientieren und plötzlich am Wild stand. Was für eine Nasenleistung!

Ein Labrador ist kein Labrador – im Winter 2008 zog dann Tubbs (Querfeldein Azur) ein. Zwei Rüden zusammen, für Viele nicht vorstellbar, aber die beiden sind ein echtes Dreamteam. Kaum einmal eine Stunde voneinander getrennt, artet das Wiedersehen in wilde Freudensprünge aus. Ein Artgenosse ist und bleibt eben ein Artgenosse, da kann ich mich als Mensch noch so sehr anstrengen. Tubbs genießt dieselbe Ausbildung wie Cooper, sowohl im Dummy- als auch im Jagdbereich.

Eine Rasse – dennoch zwei völlig unterschiedliche Hunde. Sowohl im Aussehen, als auch im Temperament und im Wesen. Tubbs ist ein echter Workaholic, er lebt für die Arbeit. Entsprechend temperamentvoll ist er mit viel Bewegungsdrang. Cooper hingegen ist ein gelassener, souveräner Hund, der das Leben wesentlich ruhiger angeht. Beide sind absolut freundliche, anpassungsfähige, neugierige und gutmütige Hunde, die mich im Alltag und bei der Arbeit begleiten. Sie stellen sich ohne Probleme auf jede Situation ein, sind aufgeschlossen gegenüber anderen Menschen und Tieren und damit optimale Familienhunde. Sie sind für jede Urlaubsaktivität zu haben, seien es Wanderungen in den Bergen oder lange Strandspaziergänge an der Nordsee. Sie meistern lange Autofahrten ohne zu murren und passen sich fremder Umgebung an. Dabeisein ist eben alles. Ihr immer fröhliches Wesen, ihre permanent gute Laune sind ansteckend! Die Arbeit mit meinen Labradors ist für mich pure Entspannung. Die wirklich einzige Tätigkeit, bei der ich alles andere vergesse und mich nur auf die Hunde und mich konzentriere.

KRISTINA TRAHMS engagiert sich als Schriftführerin in der Landesgruppe West/ Bezirksgruppe Düsseldorf des DRC. Sie ist außerdem Mitglied im LCD und Jagdscheininhaberin. Als Rechtsanwältin mit dem Schwerpunkt Hunderecht hat sie auch beruflich rund um die Uhr mit dem Thema Hund zu tun.

Es ist schon etwas ganz Besonderes, die Nachzucht des eigenen Hundes zu erleben: Cooper und Tubbs haben die Zuchtzulassung im DRC. Erste Nachkommen von Cooper gibt es bereits, und Kristina Trahms verfolgt die Entwicklung des Nachwuchses ihres Rüden mit großem Interesse.

Ich trainiere mit ihnen das ganze Jahr über mit Dummys, alleine oder mit Freunden. Ab und zu starten wir auch auf Prüfungen (Workingtests), um zu sehen, wo wir im Training stehen. Natürlich ist auch ein bisschen Ehrgeiz dabei, und ich freue mich, wenn wir auf den vorderen Rängen landen. Wenn nicht – dann ist es auch nicht schlimm. Im Herbst und Winter ist Jagdzeit: Da sind meine Hunde im jagdlichen Einsatz gefragt und gefordert. Für den Hund sicherlich die schönste Arbeit. Hier im Flachland wird überwiegend Niederwild – Ente, Fasan, Kaninchen, Hase – gejagt, sodass der Labrador als Apportierer nach dem Schuss der optimale Jagdhund ist. Trotz aller Passion sind meine Labis im Alltag angenehm und unauffällig, begleiten mich ins Büro und lieben es, überall dabei zu sein. Was will man mehr von einem Hund?

Kristina Trahms

Erste Schritte mit dem Dummy

In diesem Buch bekommen Sie Tipps für die ersten Schritte auf dem Weg zur Dummyarbeit. Zunächst ein sehr wichtiger Punkt: Wenn Ihr Hund (egal ob Sie mit dem Welpen oder einem älteren Hund beginnen) etwas trägt oder gar bringt, ist das immer super. Egal ob sein Spielzeug, Ihr Handy oder eine verweste Maus!

Tragen und Bringen liegt den meisten Labradors im Blut. Wie Sie beim Training vorgehen, richtet sich nach Ihrem Vierbeiner.

Wenn Ihr Hund einen Gegenstand aufnimmt, locken Sie ihn zu sich, loben Sie ihn und nehmen ihm das Objekt ruhig ab. Auch dem bestens veranlagten Labrador lässt sich das Bringen im Nu abgewöhnen, wenn er fürs Tragen getadelt wird. Labradors tragen gern und alles. Was der Hund nicht haben soll, müssen Sie also wegräumen. Falls er doch etwas »Verbotenes« anvisiert, wirken Sie auf ihn ein, bevor er es aufgenommen hat.

Dummys sind immer weggeräumt und werden nur zum Training herausgeholt. Gehen Sie im Training langsam vor, und beginnen Sie nicht zu früh. Wichtig ist ein guter Grundgehorsam, bevor Sie mit dem Apportieren beginnen.

Standruhe üben

Ein fliegendes Dummy ist für einen Labrador ein hoher Reiz. Ganz besonders, wenn es ins Wasser platscht. Deshalb sollten Sie mit Markierungen im Training sparsam sein und geworfene Dummys oft selbst holen. Üben Sie mit Ihrem Hund zum Beispiel auch, ruhig bei Fuß auf ein liegendes Dummy zuzugehen oder sich mit ihm davon wegzudrehen. Das gilt vor allem beim jungen Labrador und falls er dazu neigt, vor lauter Arbeitsfreude nervös zu werden. Denn schnell ist die Steadiness dahin. Werfen Sie Ihrem Hund daher zum Beispiel auch nur ganz selten ein Dummy ins Wasser. Beim jungen Hund arbeiten Sie nur über Wasser. Das heißt, ein Dummy wird auf der anderen Seite eines Gewässers ausgelegt und der Hund wird durch das Wasser dorthin geschickt. Vermeiden Sie auch, dem Hund zum Spaß Bälle oder Stöcke, womöglich noch ins Wasser, zu werfen. Einen schwer zu motivierenden, wenig interessierten Labrador können geworfene Dummys dagegen eventuell »aufwecken«.

Wie bringt Ihr Labrador?

Um das Training richtig angehen zu können, müssen Sie wissen, welcher »Bringtyp« Ihr Labrador ist. Testen Sie das mit einem weichen Gegenstand, am besten mit einem Hundespielzeug, das aber nicht quietscht. Was macht Ihr Vierbeiner, wenn er es im Maul trägt? Kommt er von selbst zu Ihnen und präsentiert es Ihnen

fröhlich und stolz? Super. Fassen Sie jetzt nicht sofort danach. Loben Sie ihn unbedingt noch, während er es hält, nehmen Sie es ihm dann mit Ruhe ab, bevor er es fallen lässt. Genauso reagieren Sie, wenn Ihr Hund erst mit etwas Locken zu Ihnen kommt und sich dann verhält wie beschrieben. Sie können ihn, wenn er nur mit Locken kommt, für das Bringen mit einem Happen belohnen. Aber Vorsicht: Nehmen Sie das Leckerchen erst dann zur Hand, wenn der Hund Ihnen den Gegenstand schon in die Hand gelegt hat. Ansonsten lässt er ihn schon bald zu früh fallen. Das soll er nicht lernen.

Ihr Labrador hat kein Interesse an »Beute«? Dann machen Sie den Gegenstand interessant. Werfen oder rollen Sie ihn ein Stück weg, oder ziehen Sie ihn mit zuckenden Bewegungen über den Boden. Oft hilft das, aber es gibt leider auch gänzlich unmotivierbare Labis.

Ihr Vierbeiner möchte seine Beute in Sicherheit bringen und rennt damit weg oder zu seinem Liegeplatz? Sie können versuchen, sich so zu platzieren, dass er auf dem Weg an Ihnen vorbei muss. So können Sie ihn aufhalten und loben. Aber es gibt auch einen einfacheren Weg, Ihrem Labrador das Bringen und richtige Abgeben schmackhaft zu machen.

Das Futterdummy

Bringt ihr Hund von Anfang an schön und in die Hand, können Sie gleich, je nach Alter, ein Junior- oder Standarddummy verwenden. Falls

Die Wasserarbeit ist ein Spezialgebiet des Labradors. Dabei darf er sich weder schütteln noch das Dummy ablegen, wenn er aus dem Wasser kommt. Geschüttelt wird erst, wenn er es abgegeben hat.

Obwohl der Labrador Dummys liebt, hat ihn keines zu interessieren, solange er nicht geschickt wird. Egal wie verlockend nahe es ist. Trotzdem muss er aufmerksam und konzentriert bleiben.

Ihr Hund Probleme beim Bringen oder Abgeben hat oder Sie Anfänger sind, tun Sie sich mit dem Futterdummy leichter. Das Futter- oder Snackdummy ist ein weiches Dummy, das man mit leckeren Happen füllen kann. Üben Sie zunächst im Haus. Nehmen Sie den Hund an die Leine, und lassen Sie ihn zusehen, wie Sie mit spannender Stimme das Dummy befüllen. Nun geben Sie ihm ein paar Happen daraus aus der Hand. Schließen Sie es, und legen Sie es auf den Boden. Sie können es auch wegrollen oder ein kleines Stück werfen, je nachdem wie hoch der Reiz sein muss, damit Ihr Vierbeiner es haben möchte. Sobald er es aufnimmt, locken Sie ihn zu sich und, wenn nötig, ziehen ihn mit der Leine zu sich heran. Nehmen Sie es ihm unbedingt, aber ohne Hektik ab, bevor er es fallen lässt, öffnen Sie es gleich, und geben Sie ihm ein Häppchen. Wenn Sie das einige Male machen, hat Ihr Labrador schnell verstanden, was Sie möchten und dass es sich lohnt, Ihnen das Dummy in die Hand zu legen. Das ist ein wesentlicher Pluspunkt für das Futterdummy. Lässt er es fallen, gibt es nichts. Animieren Sie ihn noch mal zum Aufnehmen, oder nehmen Sie es weg. Die erste Stufe ist erreicht, wenn Ihr Hund das Dummy ohne Werfen usw. vom Boden aufnimmt und Ihnen in die Hand legt. Sagen Sie »Aus« oder »Danke«, wenn Sie es ihm abnehmen, und »Bring« oder »Apport«, wenn er es holt. Nun kommt der Grundgehorsam mit ins Spiel. Lassen Sie den Hund bei Fuß sitzen, das Futterdummy liegt am Boden. Erst wenn Sie das Kommando geben, darf er es holen.

Die nächste Stufe

Ihr Labrador muss »Bleib« im Sitzen können. Lassen Sie ihn sitzen, und gehen Sie zwei, drei Meter weg. Er hat jetzt keine Leine mehr dran. Gehen Sie in die Hocke, und legen Sie das Futterdummy (oder bei guter Bringfreude das normale Dummy) direkt vor sich auf den Boden. Nun pfeifen Sie den Hund zu sich. Er wird kommen, es automatisch aufnehmen und Ihnen geben. Macht er das zuverlässig, legen Sie das Futterdummy nun immer weiter von sich weg in Richtung Hund, bis es direkt vor ihm liegt und dehnen auch den Abstand zum Hund aus. So legt er nach und nach eine immer weitere Strecke mit dem Futterdummy zu Ihnen zurück.

Voran

Mit erstem Voranschicken können Sie beginnen, sobald Ihr Labrador ruhig bei Fuß sitzen kann. Stellen Sie den Napf mit ein paar Happen darin auf den Boden. Ihr Hund sitzt bei Fuß, je nach Alter wenige Meter oder mehr vom Napf entfernt. Beugen Sie sich nach vorn und strecken den linken (oder immer rechten) Arm gerade und so nach vorn in Richtung Napf, dass Ihr Hund die Hand sehen kann, Sie ihm aber nicht die Sicht verdecken. Auch Ihr Bein der gleichen Seite stellen Sie etwas nach vorn. Warten Sie nun ein paar Sekunden. Nun kommt

Ihr »Voran«, Ihre Hand bleibt dabei ruhig stehen! Achten Sie außerdem darauf, dass der Vierbeiner vor dem Start dorthin schaut, wohin Sie ihn schicken möchten. Ist er im Bereich des Napfes, können Sie Ihren Suchenpfiff einbauen (→ Seite 88). Hat er gefressen, pfeifen Sie ihn zurück. Bald schon verlegen Sie die Übung nach draußen. Verlängern Sie die Strecke zum Napf, und üben Sie in unterschiedlichem Gelände. Stellen Sie den Napf etwa in höheres Gras jenseits eines Weges und schicken Sie den Hund von der anderen Wegseite aus. Schwieriger ist es, wenn er schräg zum Weg auf die andere Seite zum Napf laufen muss. Anfangs muss der Napf vom Start aus sichtbar sein, mit zunehmendem Können darf er an einer bekannten Stelle auch erst sichtbar werden, wenn der Hund unterwegs dorthin ist. Das ist dann schon ein Memory.

Die Kombination

Klappt das »Voran« auf den Napf, und bringt Ihr Hund zuverlässig in die Hand? Dann kombinieren Sie beides. Der Napf wird durch ein Dummy ersetzt, den Suchenpfiff im Bereich des Dummys nicht vergessen. Haben Sie ein Futterdummy verwendet, ersetzen Sie das nach einigen Malen Voranschicken durch ein »echtes« Dummy. Ihr Hund hat lange gelernt »Aufnehmen und in die Hand bringen« und wird das automatisch auch mit dem normalen Dummy tun. Achtung – Ihr Erfolg ist schnell zunichte, wenn Sie in der Tasche nach einem

Dummys wie auch Wild darf nicht etwa vor dem Hundeführer auf den Boden gelegt werden. Denn ein angeschossener Vogel könnte so entkommen. Beides muss der Labrador deshalb in die Hand abgeben.

Der Labrador ist ein Spezialist für die Enten-jagd. Doch die Ausbildung an Wild beginnt erst, wenn der Grundgehorsam sitzt und alle anderen dafür notwendigen Übungen mit Dummys funktionieren.

Happen kramen, bevor der Hund das Dummy abgegeben hat! Nehmen Sie es mit beiden Händen in Empfang, dann kommen Sie nicht in Versuchung.

Der Stopp-Pfiff

Um den Labrador einweisen zu können, müssen Sie ihn stoppen, falls er von der richtigen Richtung abkommt. Hier ist eine Möglichkeit, den Stopp-Pfiff zu trainieren: Suchen Sie sich einen breiteren Weg, und packen Sie größere Happen ein, die der Hund auf dem Weg rasch finden kann. Läuft Ihr Hund ein Stück voraus, sprechen Sie ihn an (ohne Kommando). Kommt er jetzt auf Sie zu, nehmen Sie rasch einen Arm nach oben und werfen einen Happen über den Hund hinter ihn. Er dreht sich um und frisst ihn. Wenn Sie das einige Male gemacht haben, wird Ihr Hund in Erwartung des Happens stehen bleiben, sobald Sie den Arm hochnehmen. Jedes Mal fliegt ein Happen hinter ihn. Warten Sie nun allmählich nach dem Stoppen länger, bis der Happen fliegt. Eventuell setzt sich der Hund dann sogar von selbst. Stoppt er zuverlässig, sobald Sie den Arm hochstrecken, pfeifen Sie dazu einen längeren Pfiff. Lassen Sie ihn danach ein paar Momente verharren, und werfen Sie den Happen. Klappt das, stoppen Sie ihn ohne Ansprechen aus der Bewegung. Allmählich vergrößern Sie die Entfernung. Nun werden Sie nicht mehr weit genug werfen können. Bringen Sie ihm einen Happen, und lösen Sie danach das Sitzen auf.

Rüber und Back

Beim seitlichen Einweisen und auch beim »Back« sitzt der Hund Ihnen ein, zwei Meter gegenüber. In gerader Linie (oder leicht schräg nach hinten, nie nach vorn) rechts neben dem Hund liegt das Dummy. Anfangs nur zwei, drei Meter entfernt und gut sichtbar.

Da Sie später den Hund vor dem Einweisen immer stoppen werden, machen Sie nun den Stopp-Pfiff und strecken gleichzeitig schon den rechten Arm nach oben. Nach einigen Sekunden strecken Sie Ihren Arm und Körper deutlich waagrecht nach rechts und sagen das Kommando »Rüber« oder »Out«. Ihr Hund bringt das Dummy. Nach einigen Tagen Training machen Sie das Gleiche mit der linken Seite. Klappt beides, legen Sie rechts und links vom Hund ein Dummy aus und schicken ihn auf das zuerst ausgelegte.

Beim »Back« liegt hinter dem Hund ein Dummy. Auch dabei gibt es vor dem Schicken den Stopp-Pfiff. Sie strecken wieder den Arm hoch, mit dem Sie den Hund dann weiterschicken. Er kehrt dann nach rechts oder links um. Zum Weiterschicken ziehen Sie den Arm dann beispielsweise ein Stück gerade nach unten und strecken ihn mit »Back« wieder nach oben.

Setzen Sie bei beiden Übungen den Hund allmählich immer weiter vom Dummy weg. Klappt das, vergrößern Sie nach und nach auch Ihren Abstand zum Hund. Auch diese Dummys werden allmählich zu Memorys.

Hat der Labrador die entsprechenden natürlichen Anlagen und wurde er gut ausgebildet, ist er für seinen jagenden Besitzer ein zuverlässiger, passionierter und unverzichtbarer Jagdgefährte.

Ausstellungen

Im Ausstellungsring geht es darum, welcher Labrador im Wettstreit mit Rassegenossen der Schönste ist. Die Richter beurteilen die Hunde danach, inwieweit sie der derzeitigen Auslegung des Rassestandards entsprechen.

Aus den Hunden der Jugendklassen wird der »Best Youngster« gekürt, aus den Veteranen der »Best Veteran«. Aus den anderen Klassen werden der beste Rüde und die beste Hündin gekürt. Sieger dieser beiden wird Rassebester, »Best of Breed« (BOB), der beste Hund der Show »Best in Show« (BIS). Der beste des anderen Geschlechts wird »Best Opposite Sex« (BOS).

Die verschiedenen Arten

Jährlich veranstalten der VDH wie auch die Rassehundevereine etliche Ausstellungen in Deutschland. Auch im Ausland gibt es, organisiert von den dortigen FCI-Verbänden, ebenfalls verschiedenste Shows.

Es gibt Ausstellungen für alle Rassen und solche nur für Retriever. Für alle Rassen sind es die internationalen und nationalen Ausstellungen sowie besondere wie die Bundessieger- oder Europasiegerausstellung. Die Unterschiede liegen in den Titeln, die dort vergeben werden. Die Spezial-Rassehundeausstellungen sind Shows, die vom LCD und DRC veranstaltet werden. Dort werden im LCD nur Labradors und im DRC alle Retrieverrassen gezeigt. Auf Shows werden verschiedene Prädikate vergeben. Das CACIB etwa ist eine Anwartschaft auf den internationalen, das CAC eine Anwartschaft auf den nationalen Schönheitschampion. Hat der Hund die erforderlichen Anwartschaften, bekommt er den jeweiligen Titel zuerkannt. Auch Jugendchampion, Jugendsieger, Welt-, Europa- oder Bundessieger kann ein Labi werden. Für Neulinge gibt es von DRC und LCD sogenannte Pfostenschauen, das sind Ausstellungen ohne offizielle Bewertung. Für Einsteiger und um den Hund an Shows zu gewöhnen, sind sie gut geeignet.

Die Hunde werden auf Shows in verschiedene Klassen eingeteilt – jeweils Hündinnen und Rüden getrennt –, die sich durch Alter, eventuelle Prüfungen oder bereits errungene Titel unterscheiden.

Was der Labrador können muss

Damit der Richter den Hund gut beurteilen kann, ist es wichtig, dass sich Ihr Labrador gut präsentiert und in Top-Kondition ist. Im Ring muss er an Ihrer linken Seite raumgreifend und gleichmäßig an lockerer Leine traben und längere Zeit entspannt, aufmerksam und am besten schwanzwedelnd stehen. Fasst der Richter den Labrador an und kontrolliert das Gebiss, muss er freundlich bleiben und unbeeindruckt sein. Um diese Dinge zu üben, bieten die Clubs Ringtraining an. Erfahrene Aussteller üben schon mit dem Welpen das Stehen. Besucht Ihr Züchter selbst Shows, kann er Ihnen das zeigen.

Was im Ring geschieht

Zu Beginn des Richtens laufen alle Hunde einer Klasse im Kreis und der Richter verschafft sich einen ersten Überblick. Danach wird jeder Hund einzeln in der Bewegung beurteilt. Dafür müssen Sie mit dem Hund vom Richter weg ein Dreieck oder eine gerade Linie vor und zurück laufen. Anschließend präsentieren Sie den Hund im Stand vor sich und zwar so, dass der Richter ihn von der Seite sieht. Er wird ihn genau anschauen und nebenbei dem Ringsekretär den Bericht diktieren und die Bewertung vergeben – vorzüglich (v), sehr gut (sg), gut (g), genügend (ggd) oder nicht genügend (nggd).

DER GESUNDE LABRADOR

Der Labrador Retriever ist ein robuster Vierbeiner und wegen seines kurzen Fells ziemlich pflegeleicht. Die richtige Ernährung sowie regelmäßige Pflege und Gesundheitsvorsorge tragen dazu bei, dass Ihr Labrador viele Jahre bis ins Alter ein fitter, lebensfroher und aktiver Hund bleibt und Sie lange begleiten kann.

Die Ernährung

Wenn Sie fünf Labradorbesitzer nach der richtigen Ernährung für Ihren Vierbeiner fragen, werden Sie mindestens sechs verschiedene Meinungen hören … Sie ahnen es schon, es gibt nicht die pauschal richtige oder falsche Ernährung für einen Labrador. Eines gilt jedoch für die meisten Vertreter dieser Rasse – sie haben einen sehr guten Appetit und fressen für ihr Leben gern. Es ist nicht einfach ihrem schmachtenden Hundeblick zu widerstehen, denn er sagt ständig: »Ich verhungere! Gib mir mehr!« Wer da nicht aufpasst, hat schnell einen Hund mit Übergewicht. Deshalb sind einige Kenntnisse rund ums Futter hilfreich.

Das fressen Labradors

Wenn Sie sich in einem Zoofachgeschäft umschauen, wird Sie die Auswahl an Futtermarken und -arten sowie die Bandbreite der unterschiedlichen Zielgruppen schier erschlagen. Einige Überlegungen helfen Ihnen jedoch, zumindest erstes Licht ins Dunkel zu bringen.

Die meisten Labradore fressen für ihr Leben gern. Lassen Sie sich nicht vom Schmachtblick Ihres Hundes erweichen, und denken Sie an seine Figur. Das tut Gelenken und Stoffwechsel gut.

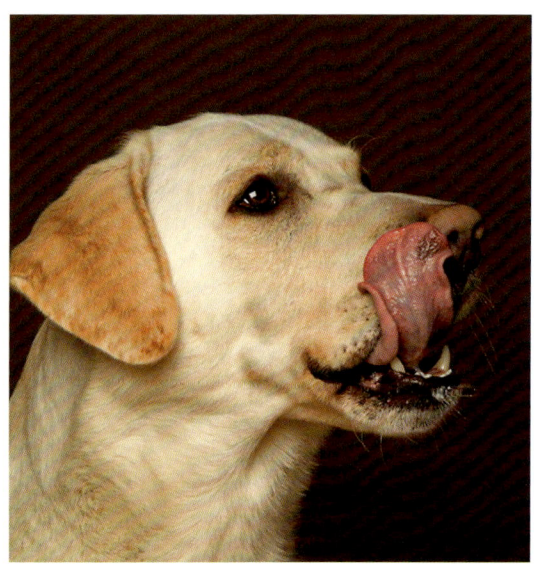

Wie alt ist Ihr Labrador, wie aktiv ist er, gibt es vielleicht Unverträglichkeiten oder Allergien, und wie viel Geld können und wollen Sie ausgeben? Dazu kommt noch die Überlegung, wie viel Aufwand Sie bei der Fütterung treiben möchten. Denn Fertigfutter zu füttern ist einfacher, als jede Mahlzeit selbst frisch zuzubereiten und ist vor allem unterwegs praktisch.

Wie viele Mahlzeiten?

Welpen bis zur zwölften Woche erhalten meistens vier Futterrationen, Welpen und Junghunde bis zu einem halben Jahr bekommen drei Mahlzeiten, danach reichen zwei Mahlzeiten, eine morgens, eine abends.

Trocken-, Nass- oder Frischfutter?

Bei dieser Frage prallen Welten aufeinander. Wofür Sie sich letztlich entscheiden, liegt bei Ihnen. Keine dieser Fütterungsarten ist pauschal besser oder schlechter. Wichtig ist, dass der Hund das Futter verträgt und alle Nährstoffe bekommt, die er benötigt. In einem guten Fertigfutter ist alles, was der Hund braucht, in der richtigen Zusammensetzung enthalten. Deshalb sollten Sie keine Spurenelemente dazufüttern. Schauen Sie sich beim Trockenfutter die Zusammensetzung an. An erster Stelle sollte nicht Getreide, sondern Fleisch stehen. Besonders Weizen ist kein wertvoller Futterbestandteil. Sowohl Trocken- wie auch Nassfutter, also Dosenfutter, gibt es als Vollnahrung, Nassfutter auch als Fleischnahrung, das Sie mit Futterflocken ergänzen müssen. Frischfütterung ist unter der Bezeichnung B. A. R. F. – biologisch artgerechtes rohes Futter – bekannt. Fleisch (nicht vom Schwein) wird roh verfüttert, auch Knochen gehören dazu. Dazu gibt es püriertes rohes Gemüse und Mineralstoffe in Pulverform. Wer so füttert, muss sich sehr gut auskennen, damit der Hund mit allen Nährstoffen ausreichend versorgt wird (→ Literaturtipps Seite 142).

Der Welpe

Sicher haben Sie von Ihrem Züchter einen Futterplan bekommen. Bleiben Sie zunächst bei dem Futter, das er gegeben hat. Bei Fertigfutter ist das sicher ein Welpenfutter. Falls Sie auf eine andere Marke oder anderes Futter umstellen möchten, warten Sie damit ein paar Wochen, bis der Welpe sich in seinem neuen Zuhause eingewöhnt hat. Bei einer Umstellung wird schrittweise immer mehr gewohntes Futter durch das neue ersetzt. Welpenfutter wird meist für das erste Jahr empfohlen. Sie sehen es auf der Packung. Beim Labrador können Sie jedoch schon im Lauf des zweiten Lebenshalbjahres Futter für erwachsene Hunde geben.

Der erwachsene Labrador

Der Energiebedarf des ausgewachsenen Labis hängt von seiner Verwendung ab. Ein reiner Familienhund oder einer, der normal ausgebildet und beschäftigt wird, braucht ein Futter für normale Aktivität. Einen höheren Energiebedarf haben Labradors, die viel auf Workingtests starten. Ebenso solche, die während der Jagdsaison im Herbst und Winter viel eingesetzt werden und dort auch in kalten Gewässern arbeiten. Solche Labradors brauchen Futter für Sport- oder Leistungshunde.

Der ältere Labrador

Ein älterer Hund ist oft weniger aktiv. Deshalb gibt es auch für ihn ein spezielles Futter, das energiereduziert und besonders leicht verdaulich ist. Älter ist der Labrador etwa ab acht Jahren, obwohl man das vielen Labis gar nicht ansieht und sie rundum topfit sind.

Der empfindliche Labrador

Manche Labradors haben einen empfindlichen Verdauungstrakt oder Allergien. Für sie gibt es auch extra Futter, eine Art Schonkost. Das Futter besteht dann nur aus wenigen Komponenten, zum Beispiel nur aus Putenfleisch und Reis. Die richtige Zusammensetzung besprechen Sie am besten mit Ihrem Tierarzt.

Der dicke Labrador

Er braucht kalorienreduziertes Lightfutter, um wieder auf sein normales Gewicht zu kommen. Das hilft aber nur, wenn er anderweitig nicht dauernd Leckerchen zugesteckt bekommt.

Die richtige Menge

Auf den Futterpackungen stehen Mengenangaben. Die sind aber nur grobe Richtwerte. Da es beim Labrador in puncto Körperbau und Gewicht sehr unterschiedliche Hunde gibt und nicht alle das Futter gleich verwerten, sind genaue Mengenangaben nicht möglich. Achten Sie besser darauf, wie Ihr Hund aussieht. Wenn Sie Ihre Hand auf seine Flanke legen, sollten Sie die Rippen fühlen können, sie sollten sich aber nicht auf dem Fell abzeichnen. Welpen dürfen ein wenig mehr Speck haben, aber wirklich nur wenig.
Übergewicht ist schädlich, sowohl für Welpen wie auch für erwachsene Hunde. Sowohl das Skelett wie auch die inneren Organe werden dadurch überbelastet.

BITTE NICHT!
Nicht alles, was der Labrador mag, bekommt ihm auch. Nicht füttern sollten Sie rohes Schweinefleisch, gewürzte Essensreste und Süßigkeiten, vor allem nicht Schokolade. Vorsicht auch mit Knochen, nicht jeder Hund verträgt sie.

Pflege und Vorsorge

Durch ausreichende Pflege und regelmäßige Gesundheitsvorsorge lassen sich manche gesundheitlichen Probleme vermeiden, andere früh genug erkennen. Beim Labrador ist der Aufwand gering. Aber auch das kann zum Stress werden, wenn sich der Hund nicht »pflegen« lassen will. Deshalb lernt schon der Welpe, sich von Ihnen überall anfassen zu lassen. Das ist nicht nur für die Pflege, sondern auch für Tierarztbesuche und die Verabreichung etwa von Augen- oder Ohrentropfen hilfreich. Üben Sie, wenn der Welpe schon müde ist. Schauen Sie in seine Ohren, und kontrollieren Sie das Gebiss. Untersuchen Sie die Pfoten und die Zehenzwischenräume. Suchen Sie im Fell nach imaginären Zecken, und kontrollieren Sie auch die Augen. Das sollten Sie ein paar Mal die Woche machen, dann werden diese Handgriffe für Ihren Labrador selbstverständlich. Nicht alle Labradorwelpen sind gleich, die einen genießen die Pflege von Anfang an, andere sind ungeduldig.

Die Pflege

Der Labrador ist pflegeleicht und hat keine »Problemzonen«, die einer besonderen Aufmerksamkeit bedürfen. Hin und wieder ein Blick auf die Ohren, Augen, Zähne, Krallen und etwas Fellpflege reichen beim gesunden Hund. Genießt Ihr Hund die gelegentliche Fellpflege, festigt sie das Zusammengehörigkeitsgefühl zwischen Ihrem Labrador und Ihnen.

Kontrollieren Sie hin und wieder das Gebiss, beispielsweise auf Zahnstein. Manche Hunde neigen mehr dazu, andere weniger. Regelmäßig etwas zum Kauen, etwa getrocknete Rinderkopfhaut, beugt vor.

Das Fell

Das Fell des Labradors ist kurz und dicht mit wetterbeständiger Unterwolle. Durch das wasserabweisende Haarfett ist es gut selbstreinigend. Sonst reichen ein Gummistriegel oder klares Wasser.

Labradors verlieren das ganze Jahr über täglich einige Haare. Zum Fellwechsel etwa zweimal jährlich werden es aber richtig viele, und Sie finden sie reichlich und fast überall. In dieser Zeit ist ein Striegel nützlich, der lose Haare ausbürstet. Baden müssen Sie einen Labrador nicht. Es sei denn, er hat sich in Gülle oder einem verwesenden Fisch gewälzt: Dann reicht klares Wasser nicht mehr. Verwenden Sie aber ein Hundeshampoo, denn der pH-Wert der Hundehaut ist anders als der beim Menschen. Übrigens kann ein gesunder Labrador zu jeder Jahreszeit schwimmen. In der kalten Jahreszeit darf er jedoch nicht nass in der Kälte oder auf kaltem Untergrund liegen, sondern wird entweder abgetrocknet oder bleibt in Bewegung. Für Welpen sind die wärmeren Jahreszeiten zum Schwimmen geeignet.

Zum Tierarzt sollten Sie gehen, falls der Hund sich auffallend viel kratzt, wenn Sie Verkrustungen, Entzündungen oder einen Ausschlag auf der Haut bemerken oder schwarze Krümel (Flohkot) im Fell finden.

Augen und Ohren

Hat sich in den Augenwinkeln etwas Sekret gebildet, zum Beispiel am Morgen nach dem Aufwachen, wischen Sie es mit einem weichen Tuch ab. Tränen die Augen stark oder bildet sich dickflüssiges gelbes Sekret, sollten Sie Ihren Tierarzt aufsuchen.

Bei den Ohren reinigen Sie hin und wieder den äußeren Gehörgang vorsichtig mit einem weichen Tuch und etwas Babyöl. Schüttelt Ihr Labrador häufig den Kopf, hält ihn schief oder lässt ein Ohr mehr hängen als das andere, steht ein Tierarztbesuch an. Auch dann, wenn er bei Berührung des Ohres schmerzempfindlich reagiert oder Sie dunklen und sogar übel riechenden Belag im Ohr sehen können. Milben können die Übeltäter sein.

Zähne

Während des Zahnwechsels (etwa ab 4. bis 7. Lebensmonat) sollten Sie ab und zu nachschauen, ob irgendein Milchzahn länger nicht ausfällt, obwohl der neue schon da ist. Gegebenenfalls entfernt ihn der Tierarzt. Das bleibende Gebiss erhalten Sie gesund, indem Sie dem Hund regelmäßig etwas zum Kauen, etwa getrocknete Rinderkopfhautstücke oder Ochsenziemer geben. Füttern Sie ihn nicht mit Süßigkeiten oder Ähnlichem, das schadet seinem Gebiss. Mit täglichem Zähneputzen können Sie die Bildung von Zahnstein verhindern oder verzögern.

Sabbert der Hund stark und verweigert Kauartikel, obwohl er sie sonst gern mag, kann ein Zahnproblem die Ursache sein. Konsultieren Sie Ihren Tierarzt.

Pfoten und Krallen

Die Pfoten brauchen nur im Winter etwas Aufmerksamkeit. Läuft Ihr Hund auf gesalzenen Wegen, waschen Sie die Pfoten mit Wasser ab. Sehr rissige Pfoten kann man hin und wieder mit Salbe einreiben, aber nicht zu häufig, das macht sie oft noch empfindlicher. Die Krallen haben die richtige Länge, wenn sie beim stehenden Hund den Boden nicht berühren. Beim Welpen müssen Sie sie möglicherweise noch kürzen, am besten mit einem Nagelknipser. Später nur dann, wenn der Hund selten auf hartem Untergrund wie etwa Asphalt läuft. Dazu nehmen Sie eine Krallenzange. Achten Sie darauf, dass kein Blutgefäß verletzt wird. Bei hellen Krallen erkennt man sie ganz gut, bei dunklen kaum. Wer sich selbst nicht traut, lässt die Krallen vom Tierarzt kürzen.

Gewöhnen Sie den Hund auch daran, dass Sie seine Ohren kontrollieren Reinigen Sie selbst nur den äußeren Gehörgang. Bei Verdacht auf eine Ohrenentzündung suchen Sie Ihren Tierarzt auf.

Gesundheitsvorsorge

Infektionskrankheiten und Parasiten gefährden die Gesundheit Ihres Labradors und sind zum Teil auch für Menschen gefährlich. Aber zum Glück können Sie vorbeugen und so das Risiko einer Erkrankung völlig vermeiden oder drastisch reduzieren.

Vermeiden Sie, dass die Zecke beim Entfernen zerquetscht wird, und beträufeln Sie sie nicht mit Öl. Dadurch kann sie vermehrt Erreger in die Wunde abgeben.

Impfen

Seine erste Impfung, gegen Staupe, Hepatitis, Leptospirose, Parvovirose und eventuell Zwingerhusten, hat Ihr Welpe in der achten Woche beim Züchter bekommen. Mit zwölf Wochen wird diese Impfung aufgefrischt. Jetzt (oder auch erst mit 16 Wochen) kommt noch die Impfung gegen Tollwut hinzu. Diese Fünffachimpfung (eventuell zusätzlich Zwingerhusten) wird ein Jahr später wiederholt. Manche Tierärzte empfehlen bis zur 16. Woche mehrere Nachimpfungen. Die Meinungen darüber gehen auseinander und hängen auch davon ab, wie hoch das Infektionsrisiko ist.

Nach der Grundimmunisierung reichen gegen Tollwut dreijährige Auffrischungen. Gegen die anderen Krankheiten wird in der Regel jährlich geimpft. Fragen Sie Ihren Tierarzt nach den aktuellen Empfehlungen, vor allem auch rechtzeitig vor Auslandsreisen.

Entwurmen

Würmer zählen zu den Endoparasiten und leben überwiegend im Verdauungstrakt. Sie schwächen den Hund und seine Abwehrkräfte. Manche sind auf den Menschen übertragbar. Ihr Welpe wurde beim Züchter bereits mehrmals entwurmt. Sie sollten ihn nun jeweils zwei Wochen vor dem nächsten Impftermin entwurmen und dazwischen etwa alle drei Monate. Besonders wichtig ist das, wenn kleinere Kinder im Haushalt leben. Sie halten sich viel am Boden auf, haben die Finger öfter im Mund und werden häufiger mal vom Hund abgeleckt, gelegentlich auch im Gesicht. Daher könnten sie sich leichter infizieren. Die Präparate wirken gegen verschiedenste Arten von Würmern. Allerdings kann der Hund sich praktisch am nächsten Tag schon wieder mit Würmern infizieren. Sie können das Risiko aber verringern, wenn Sie darauf achten, dass er nicht herumstreunt und keine tierischen Hinterlassenschaften und Nagetiere frisst.

Zecken, Flöhe und Co.

Sie gehören zu den Ektoparasiten und halten sich auf dem Hund auf. Einige von ihnen, wie etwa bestimmte Sand- und Stechmückenarten können gefährliche Erkrankungen wie Leishmaniose oder Dirofilariose übertragen. Die Auwald- und die Braune Hundezecke können Babesiose und Ehrlichiose übertragen. Diese vier Erkrankungen, auch bekannt unter dem Schlagwort Mittelmeerkrankheiten, kamen früher nur in südlichen Ländern vor, sind aber mittlerweile zum Teil auch bei uns angekommen und werden sich vermutlich weiter ausbreiten. Symptome können je nach Erkrankung hohes Fieber, Mattigkeit und Schwäche, Fressunlust, Gewichtsverlust oder Atemprobleme sein. Diese Erkrankungen sind schwer zu therapieren, deshalb ist die Prophylaxe besonders wichtig. Vor allem bei Reisen mit dem Hund in den Süden und wenn es bei Ihnen viele Zecken

Regelmäßige Gesundheitsvorsorge beugt Problemen vor und schützt den Labrador vor gefährlichen Infektionskrankheiten und lästigen, teilweise krank machenden Parasiten. Sie fängt schon beim Welpen an.

gibt, empfiehlt sich eine entsprechende Vorbeugung durch spezielle Wirkstoff-Halsbänder oder sogenannte Spot-on-Präparate, die auf die Haut geträufelt werden. Lassen Sie sich von Ihrem Tierarzt zum Zeckenschutz beraten.

Untersuchen Sie Ihren Hund nach dem Spaziergang auf Zecken. Bei gelben Labradors ist das recht einfach, da sieht man die Übeltäter leicht. Hat sich eine Zecke festgebissen, entfernen Sie sie mit einer Zeckenzange, oder drehen Sie mit den Fingern heraus. Viele denken bei Zecken an Borreliose. Die allermeisten Hunde erkranken jedoch, wie auch Wildtiere, nicht daran. Haben sie Antikörper im Blut, heißt das lediglich, dass sie mit Borrelien in Kontakt gekommen sind. Im Zweifel bringen nur aufwendige Untersuchungen eine einigermaßen sichere Diagnose. Entsprechende Symptome werden häufig von anderen Erkrankungen ausgelöst.

Flöhe werden durch Kontakt mit »verflohten« Hunden und durch Nagetiere sowie Igel übertragen. Sie tragen oft Bandwurmeier in sich, mit denen der Hund sich infiziert, wenn er die Flöhe »knackt«. Erkennen Sie einen Flohbefall sehr frühzeitig, im Idealfall wenn nur ein Floh Ihren Hund »geentert« hat, reicht ein Spot-on-Präparat. Bei stärkerem Flohbefall jedoch ist großräumiges Desinfizieren über einen längeren Zeitraum zu Hause angesagt. Da Flöhe ihre Eier in der Umgebung des Hundes ablegen, reicht es dann nicht, den Hund zu behandeln und sein Bett zu waschen.

KRANKHEITEN, GEFAHREN & PROBLEME

Der Labrador ist zwar eine robuste Hunderasse, aber auch er kann krank werden oder sich verletzen. Einige Erkrankungen sind erblich. Durch die Zuchtordnungen von DRC und LCD sowie eine Eigenverantwortung der Züchter durch sorgsam geplante Verpaarungen lässt sich das Risiko minimieren oder ganz vermeiden. Gefahren im Alltag lassen sich mit Umsicht verringern und häufige rassetypische Probleme im alltäglichen Zusammenleben meist gut lösen.

Kranker Hund

Allgemein gilt, immer dann den Tierarzt aufzusuchen,

wenn Ihr Hund ungewöhnliches Verhalten zeigt oder einen kranken Eindruck macht. Warnzeichen sind häufiges Erbrechen und/oder Durchfall, Bauchkrämpfe, Futterverweigerung, Mattigkeit. Solche Symptome können auf einen Infekt hindeuten oder aber auch auf eine Vergiftung. Auffallend häufiges Wasserlassen in kleinen Mengen kann eine Blasenentzündung sein. Lahmt der Hund anhaltend oder immer wieder, kann er sich gezerrt oder vertreten haben. Auch eine Arthrose oder ein Fremdkörper in der Pfote sind mögliche Ursachen. Probleme beim Aufstehen oder beim Springen ins Auto können auf Rückenprobleme hindeuten. Hunde können sich auch erkälten. Wenn Ihr Hund würgt und so tut, als hätte er einen Fremdkörper im Hals, kann Husten oder eine Halsentzündung der Grund sein. Gehen Sie lieber einmal zu viel als zu wenig zu Ihrem Tierarzt!

Erkrankungen beim Labrador

Ähnlich wie wir Menschen können auch Hunde an unzähligen Krankheiten leiden. Im Rahmen dieses Buches lernen Sie in erster Linie Erkrankungen kennen, die speziell beim Labrador eine Rolle spielen.

Verhält sich Ihr Labrador auf einmal ganz anders als gewohnt, kann unter Umständen eine ernste Erkrankung die Ursache sein. Gehen Sie im Zweifel lieber einmal zu viel als zu wenig zum Tierarzt.

Bindehautentzündung – Konjunktivitis follikularis

Wenn Ihr Labradorwelpe oder Junghund oft tränende, entzündete Augen hat, ist diese Art der Bindehautentzündung eine häufige Ursache. Verursacht wird die Entzündung durch kleine Bläschen, die sich auf der Innenhaut der Augenlider bilden.

Diese Bindehautentzündung entsteht durch eine Überreaktion des sich entwickelnden Immunsystems. Früher wurden die Augenlider ausgeschabt, heute wird überwiegend mit Salben und Tropfen behandelt. Ist der Hund erwachsen und das Immunsystem ausgereift, verschwindet der Spuk wieder.

Allergien

Ständig entzündete Ohren, Neigung zu Durchfall oder Hautprobleme können Symptome einer Allergie sein. Oft sind Futter- oder Hausstaubmilben die Auslöser, aber auch Bestandteile des Futters wie Getreide oder bestimmte Fleischsorten können die Ursache sein. Gewissheit bringt letztlich nur eine Ausschlussdiät. Die Therapie besteht darin, die auslösenden Faktoren konsequent zu meiden. In schweren Fällen kann auch die Gabe von Kortison nötig sein. Allergien können unterschiedlich stark ausgeprägt sein. Manche verschwinden auch wieder. Die Disposition zu Allergien ist meist genetisch bedingt.

Kreuzbandriss

Der Labrador gehört zu den Rassen, die manchmal eine gewisse Disposition für Risse des Kreuzbandes haben. Ursache ist bei betroffenen Hunden eine im Vergleich zu anderen Rassen stärker nach hinten geneigte Unterschenkelgelenksfläche. Das Kreuzband kann dabei unter starker, aber auch ohne besondere Belastung teilweise oder komplett reißen. Symptome sind beim Anriss eine deutliche Lahmheit beim Aufstehen, die dann besser wird, aber unter mehr Belastung wieder schlimmer. Beim kompletten Riss tritt der Hund anfangs oft gar nicht mehr auf, lahmt später dann deutlich. Im Sitzen wird das betroffene Knie nach außen gestellt und nicht belastet. Abhilfe bringt beim Riss wie

beim Anriss nur eine Operation. Besonders gefährdet sind übergewichtige Labradors.

Hüftgelenksdysplasie (HD)

Dabei handelt es sich um eine erbliche Erkrankung, bei der eine Fehlstellung eines oder beider Hüftgelenke vorliegt. Ob und in welcher Ausprägung ein Hund davon betroffen ist, lässt sich nur durch Röntgen feststellen, denn nicht immer zeigt der Hund Symptome. Bestehen keine Beschwerden, wird der Labrador mit frühestens einem Jahr geröntgt, wenn die Gelenke voll entwickelt sind.

Je nach Ausprägung und Arthrosen unterscheidet man verschiedene Grade, jeweils mit Tendenz zum besseren oder schlechteren nächsten Grad. Diese sind HD-frei (HD-A1 und A2),

HD-Übergangsform (HD-B1 und B2), leichte HD (HD-C1 und C2), mittlere HD (HD-D1 und D2) und schwere HD (HD-E1 und E2). Gezüchtet werden darf bis HD-C2, bei C-Hüften aber nur in Kombination mit einem HD-freien Hund. Bei schwereren Formen der HD muss der Hund mehr oder weniger geschont werden, auch Medikamente oder eine Operation können notwendig sein. Ein instabiler Gang, Probleme beim Aufstehen oder Lahmen können auf eine HD hindeuten. Dadurch, dass sehr viele Labradors geröntgt und über DRC und LCD ausgewertet werden und die dadurch verfügbaren Ergebnisse in die Datenbanken und die Zucht einfließen sowie durch die Zuchtbestimmungen der beiden Clubs kommt zumindest die mittlere und schwere HD eher selten vor.

Lahmt der Hund, ist zunächst Schonen angesagt. Wird die Lahmheit jedoch nicht besser oder kehrt sie immer wieder zurück, sollte der Ursache beim Tierarzt auf den Grund gegangen werden.

Ellenbogendysplasie (ED)

Diese ebenfalls erbliche Erkrankung entsteht durch Wachstumsstörungen von Elle und Speiche. Es kommt zu chronischen Veränderungen im Ellenbogengelenk. Symptom ist eine Lahmheit vorne, meist im Laufe des zweiten Lebenshalbjahres. Sie kann anhaltend oder wiederkehrend sein. In leichteren Fällen fehlen Symptome aber. Auch bei dieser Krankheit bringt nur Röntgen eine Diagnose, ohne Beschwerden wie bei der HD frühestens mit einem Jahr. Es gibt verschiedene Arten von Veränderungen am Gelenk, je nachdem, ob und wo etwas abgesplittert ist. Die Einteilung der Grade erfolgt nach Ausprägung von Arthrosen. Es gibt ED-frei, ED-Grenzfall, ED-I, ED-II und ED-III. Im DRC darf nur mit ED-frei und ED-Grenzfall gezüchtet werden, im LCD bis ED-I. Wie bei der HD kommen durch entsprechende Zuchteinschränkungen der VDH-Vereine auch bei der ED schwere Fälle relativ vereinzelt vor. Sowohl bei der ED wie auch bei der HD können sich bei entsprechender genetischer Disposition Fütterungsfehler wie zu viel Futter oder eine nicht ausgewogene Zusammensetzung von Mineralstoffen sowie Überbelastung zusätzlich negativ auf Hüftgelenke und Ellenbogen auswirken, sind aber nicht die Ursache.

Nicht nur für die weitere Verbesserung der Gesundheit der Rasse ist es sehr wichtig, dass Sie Ihren Labrador auch ohne Zuchtambitionen röntgen lassen. Denn so können Sie sehen, ob Sie ihn voll belasten können oder ob es Einschränkungen gibt. Sie bekommen dazu entweder vom Züchter oder von der Geschäftsstelle des DRC oder LCD ein spezielles Formular. Die Aufnahmen des Tierarztes werden von einem unabhängigen Gutachter ausgewertet. Nur wenn so viele Hunde wie möglich geröntgt werden und gute wie auch schlechte Ergebnisse in die Datenbanken einfließen, kann man die Infos für die Zucht sinnvoll nutzen.

Osteochondrosis dissecans (OCD)

Bei dieser ebenfalls erblichen Erkrankung kommt es zu Störungen der Verknöcherung beim jungen Hund. OCD tritt als eine Form der ED im Ellenbogen auf, betroffen sind aber auch Schulter, Sprunggelenke und Knie. Symptom ist ebenfalls eine Lahmheit durch Schmerzen im betroffenen Gelenk. Diagnostiziert wird auch eine OCD durch Röntgen. Die Untersuchung von Sprunggelenken, Schulter und Knien ist weder im DRC noch im LCD für die Zuchtzulassung Pflicht.

Lumbosakrale Übergangswirbel

Seit einigen Jahren werden beim HD/ED-Röntgen auf dem Befundbogen auch eventuelle Übergangswirbel vermerkt. Dabei handelt es sich um abnormal entwickelte Wirbel im Kreuzbein- und Lendenwirbelbereich. Die Fehlbildungen können unterschiedlich ausgeprägt sein und werden nach Typ 1 bis 3 unterschie-

Wird durch verantwortungsvolles Zucht-management den Welpen der Grundstein für eine gesunde Entwicklung schon in die Wiege gelegt, steht einem aktiven Hunde-leben nichts im Weg. Helfen Sie mit!

den. Solche Blockwirbel können das Risiko von Bandscheibenproblemen erhöhen.

Häufigkeit und Verbreitung von lumbosakralen Übergangswirbeln werden derzeit genauer untersucht, vor allem im Hinblick auf die Zucht. Denn eine erbliche Komponente wird vermutet.

Erbliche Augenerkrankungen

Die wichtigste ist die Progressive Retina-Atrophie (PRA). Hier kommt es zu einer fortschreitenden Zerstörung der Netzhaut, und der Hund erblindet allmählich. Beim Labrador kommt am häufigsten die Generalisierte PRA (GPRA oder prcd-PRA) vor, für die es seit einigen Jahren einen Gentest gibt. Durch ihn ist es möglich festzustellen, ob ein Hund frei (normal/ clear, A), Träger (Carrier, B) der Erkrankung oder davon betroffen (affected, C) ist. So können durch Verpaarungen mit immer mindestens einem freien Partner kranke Hunde vollkommen vermieden werden (→ »Eine Anmerkungen zu den Gentests«, Seite 124). Für Zuchthunde ist dieser Test grundsätzlich verpflichtend, falls nicht schon Elterntiere oder alle Großeltern als frei getestet wurden.

Weitere relevante Augenerkrankungen sind die Retinadysplasie (RD) und eine Form der erblichen Katarakt (HC = hereditary cataract), die postpolare Katarakt. Bei der RD kommt es zur Zerstörung der Netzhaut, bei der Katarakt kommt es zu einer immer weiter fortschreitenden Trübung der Linse.

Gentests für bestimmte erbliche Erkrankungen ermöglichen es heute, gezielt solche Hunde zu verpaaren, die keine erkrankten Nachkommen haben werden. Damit lässt sich Leid für Mensch und Hund ersparen.

Untersuchungen auf Freiheit von PRA, RD und HC sind für Zuchthunde verpflichtend. Bei einem Zuchteinsatz darf die letzte Untersuchung nicht älter als zwölf Monate sein. Zuchtausschließend sind auch Ektropium (nach außen gerolltes Lid) und Entropium (nach innen gerolltes Lid), was meist schon bei der ersten Augenuntersuchung festgestellt wird. Außerdem gibt es noch die wahrscheinlich erbliche Distichiasis: Zusätzliche Wimpern wachsen in Richtung Augapfel und reizen die Hornhaut. Einzelne Härchen machen meist keine Probleme, viele schon. In diesem Fall hilft leider nur eine Operation langfristig.

Centronukleäre Myopathie (CNM)

Myopathie bedeutet so viel wie Muskelschwäche. Die CNM, eine besondere Myopathieform beim Labrador, tritt schon im Alter von wenigen Monaten auf. Die Hunde sind nicht belastbar, fressen schlecht und sind schwach. Ihre Muskultur ist kaum ausgeprägt, und sie können nur schlecht und unkoordiniert laufen. Meist müssen erkrankte Hunde eingeschläfert werden. Auch für CNM gibt es einen Gentest, der unterscheidet, ob ein Hund frei, lediglich Träger oder betroffen ist. Diese grausame Erkrankung lässt sich also leicht vermeiden, in dem nur freie oder Träger mit freien Hunden verpaart werden. Bis jetzt setzen DRC und LCD bei diesem Test auf die Eigenverantwortung der Züchter, er wird empfohlen, ist aber (noch) nicht verpflichtend.

Exercised Induced Collapse (EIC)

EIC ist ein seltenes Anfallsleiden, bei dem es durch individuell unterschiedliche Stressbelastung zu einer Störung des Eiweißstoffwechsels kommt. Symptome sind ein schwankender Gang mit einer von der Hinterhand ausgehenden zunehmenden Schwäche bis hin zum Kollaps. Meist treten die Anfälle bei jungen oder jungen erwachsenen Hunden auf. Auch für diese Erkrankung gibt es mittlerweile einen Gentest, der es möglich macht, erkrankte Hunde zu vermeiden, indem einer der Deckpartner frei vom Krankheitsgen ist. Beim LCD ist er für Zuchthunde Pflicht, beim DRC noch freiwillig (Stand: Frühjahr 2012).

Eine Anmerkung zu den Gentests

Hunde, die bei den erwähnten Gentests lediglich Träger der Erkrankung sind, haben nur die Hälfte der genetischen Information und können auch nur die weitergeben. Um zu erkranken, muss diese aber von beiden Eltern kommen. Träger sind daher selbst nicht krank und können es auch nicht werden. Dennoch haben sie völlig zu Unrecht bisweilen ein schlechtes Image. Gerade aber weil es Gentests gibt, können diese Hunde ohne Probleme mit Hunden, die nachweislich frei sind, verpaart werden – es werden keine erkrankten Nachkommen entstehen, sondern zu gleichen Teilen Träger und freie Hunde. Auch die Kombination von erkrankten Hunden mit freien ergibt keine erkrankten Nachkommen, sondern zu 100 Prozent Träger. Erkrankte Hunde dürfen aus tierschutzethischen Gründen aber weder bei EIC noch bei CNM in der Zucht eingesetzt werden. Im DRC besteht auch für an GPRA erkrankte Hunde ein Zuchtverbot.

Epilepsie

Bei der Epilepsie kommt es aus unterschiedlichen Gründen zu unkontrollierten Entladungen im Gehirn mit krampfartigen Anfällen als Folge. Beim Labrador kommt die idiopathische (bzw. genuine oder primäre) Epilepsie vor. Sie ist erblich, nicht heilbar und tritt meist zwischen dem ersten und sechsten Lebensjahr auf. Zurzeit wird in Finnland intensiv daran geforscht, und man hofft, einen Gentest entwickeln zu können. Bis dahin bleibt nur, offen mit der Diagnose umzugehen und betroffene Hunde den Clubs zu melden. Solange es keinen Gentest gibt, lassen sich nur über die möglichst lückenlose Sammlung von Epilepsiefällen Risiken bei Verpaarungen mindern, damit sie auch weiterhin möglichst selten auftritt. Dass ein epilepsiekranker Hund nicht in die Zucht gehört, versteht sich von selbst.

So finden Sie den richtigen Tierarzt

Meist spricht sich unter Hundehaltern herum, welcher Tierarzt in der Umgebung gut ist. Auf alle Fälle sollten Sie bei der Suche darauf achten, dass er in der Nähe und auch im Notfall erreichbar ist und die Praxis eine breite Palette von Bereichen einschließlich Operationen abdeckt. Wenn nötig, sollte der Hund auch stationär aufgenommen werden können. Für das HD- und ED-Röntgen ist Erfahrung des Tierarztes und ein möglichst gutes Röntgengerät wichtig, damit der Hund exakt gelagert wird und die Aufnahmen von sehr guter Qualität sind. Aber das muss nicht unbedingt Ihr Haustierarzt sein. Dazu können Sie sich einen entsprechenden Tierarzt suchen, wenn Ihr Labrador ein Jahr alt ist. Für die Augenuntersuchung müssen Sie zu einem Fachtierarzt, der eine besondere Befähigung hat und daher dem »Dortmunder Kreis« (DOK) angehört. Eine Liste von DOK-Tierärzten auch in Ihrer Nähe finden Sie auf den Homepages der Clubs und unter www.dok-vet.de

Erstes Kennenlernen

Damit der Tierarzt nicht gleich ein negatives Image bei Ihrem Labradorwelpen hat, melden Sie sich ein paar Tage nach der Übernahme vom Züchter am besten zu einem reinen Kennenlernbesuch vor oder nach der Sprechstunde ohne Behandlung oder Impfung an – vor allem dann wenn Ihr Labradorwelpe ein kleines Sensibelchen ist. So kann der Kleine stressfrei die Praxis erkunden und sich beim Personal »durchschmusen«. Gibt es vom Tierarzt dann auch noch ein Häppchen, hat er bei Ihrem Vierbeiner sicher einen dicken Stein im Brett.

Noch gibt dem Welpen die Mutter Sicherheit und Geborgenheit. Danach sind Sie es, dem der Labrador vertraut und der ihm zum Beispiel auch bei einem unangenehmen Tierarztbesuch Sicherheit gibt.

Auch ältere Labradors möchten noch beschäftigt werden. Für viele ist auch dann das Apportieren noch ihre Lieblingsbeschäftigung. Es lässt sich auch problemlos individuell dem Hund anpassen.

Der Labrador wird alt

Ab etwa acht Jahren gehört ein Labrador zu den Hundesenioren. Durchschnittlich wird er elf bis dreizehn Jahre alt, aber auch ältere Vierbeiner sind keine Seltenheit. Vielen sieht man ihr Alter nicht an, weil sie körperlich fit sind. Das ist vor allem bei den Rassevertretern so, die vom Typ her nicht zu massig und behäbig sind, keine Fettschicht auf den Rippen haben und immer aktiv waren. Doch auch wenn Ihr Senior vor Energie sprüht, sollten Sie ein Auge auf ihn haben.

Veränderungen

Dass Ihr Labrador alt wird, sehen Sie am deutlichsten daran, dass er grau um die Schnauze wird. Je älter der Hund wird, umso weiter breitet sich das Grau im Gesicht aus. Auch die Pfoten können grau werden. Hören und Sehen lassen allmählich nach. Seien Sie ihm also nicht böse, wenn er nicht wie gewohnt auf Ihr Rufen sofort kommt. Er hört Sie vielleicht einfach nicht mehr gut oder kann Sie nicht gleich orten. Berücksichtigen Sie daher auch, dass er sich erschrecken kann, wenn er nicht hört, dass sich

Mensch oder Hund von hinten nähern. Unterwegs wird er nun allmählich langsamer mitlaufen, und er wird auch mehr und tiefer schlafen. Wenn Sie mit Ihrem Labrador arbeiten, müssen Sie damit jetzt natürlich nicht automatisch aufhören. Hat Ihr Labrador noch immer Spaß daran? Dann spricht nichts dagegen, aber passen Sie das Dummytraining oder auch die jagdliche Arbeit dem Alter und der Fitness Ihres Hundes an, indem Sie weniger lang trainieren, einfaches Gelände wählen sowie kürzere Strecken für die Apporte oder kleinere Bereiche für die Suche.

Die Fütterung

Ältere Hunde sind weniger aktiv. Labradors, die zum Beispiel viel auf Workingtests gestartet sind, anstrengende Jagdsaisons erlebt haben oder als Rettungshund im Einsatz waren, treten langsam etwas kürzer. Sie verbrauchen dadurch auch weniger Energie, was bei der Fütterung berücksichtigt werden muss. Deshalb gibt es für ältere Hunde Futter mit reduziertem Fett- und Proteingehalt, das außerdem besonders leicht verdaulich ist. Auch die Aufteilung der Tagesration auf drei oder auch vier kleinere Mahlzeiten statt auf zwei bekommt jetzt so manchem Hundesenior besser.

Altersbedingte Krankheiten

Auch beim Hund bleiben altersbedingte Wehwehchen nicht aus. So kann es beispielsweise zu Arthrosen in Schulter, Zehengelenken oder der Hüfte kommen. Sie können die Ursache einer Lahmheit beim älteren Labrador sein. Mag Ihr Hund nicht mehr ins Auto springen, knickt manchmal mit einem Hinterbein ein oder geht steif, können Rückenprobleme bestehen. Achten Sie generell darauf, ihn nicht zu überlasten. Nicht nur die Knochen, sondern auch Kreislauf und Immunsystem altern. Ein alter Labrador muss nicht mehr im Winter schwimmen oder über Hindernisse springen.

Auch innere Erkrankungen wie Diabetes oder Herzschwächen können auftreten. Taucht die eine oder andere Beule am Körper auf, handelt es sich meist um Fettgeschwülste, sogenannte Lipome. Mit einer einfachen Biopsie lässt sich das leicht feststellen. Bleiben sie relativ klein, lässt man sie meist einfach in Ruhe. Leider gibt es beim Hund auch diverse Krebsarten, etwa Gesäuge-, Mastzell- oder Milztumore. Ob und wie man im Falle eines Falles therapiert, lässt sich nicht pauschal sagen. Auch wenn es schwer fällt, entscheiden Sie im Zweifel für Ihren Labrador, und ersparen Sie ihm Leiden.

Vorsorge im Alter

Gehen Sie zum Impfen, dann lassen Sie Ihren Tierarzt regelmäßig zum Alterscheck auf Ihren Senior schauen. Ist das Herz noch in Ordnung? Muss eventuell Zahnstein entfernt werden? Auch eine Ultraschalluntersuchung des Bauches oder ein Blutbild geben Aufschluss über den Gesundheitszustand Ihres Labradors.

Ein Labrador, der zeit seines Lebens gut ernährt, gepflegt und mit entsprechender Beschäftigung fit gehalten wurde, kann auch im Herbst seines Lebens noch lange aktiv und voller Lebensfreude sein.

Probleme und Gefahren

Auch wenn der Labi unkompliziert in der Erziehung und umgänglich ist – es kann trotzdem hin und wieder die eine oder andere Schwierigkeit unterwegs oder im Alltag geben. Denn nicht alle Labradors sind gleich – und ihre Zweibeiner auch nicht. Viele Probleme lassen sich einfach lösen, manch andere fordern mehr Durchhaltevermögen von Ihnen. Sollten Sie alleine nicht zurechtkommen, finden Sie in Ihrem Züchter, unter den Trainern in DRC oder LCD sowie in kompetenten Hundeschulen sicher den passenden Ansprechpartner. Bei Fragen und Schwierigkeiten in der retrieverspezifischen Ausbildung wie Dummytraining oder jagdliche Schulung wenden Sie sich am besten an kompetente DRC- oder LCD-Trainer in Ihrer Umgebung. Diese können Sie und Ihren Labrador bei der Arbeit sehen und so individuell für Sie und Ihren Hund passende Trainingsansätze entwickeln und Tipps geben.

Mit Umsicht Schwierigkeiten vermeiden

Es gibt nichts Schöneres, als gemeinsam mit dem Labi die Welt zu entdecken. Doch draußen können Sie in Situationen geraten, an die Sie als Labradorfreund vermutlich zunächst nicht unbedingt gedacht hätten. Je ernster Sie die Erziehung und Ausbildung nehmen, umso weniger Schwierigkeiten mit unerwünschtem Verhalten gibt es.

Labradors sind Wasserratten. Aber Vorsicht, nicht jedes Gewässer ist ungefährlich! Deshalb ist es wichtig, dass der Hund Ihnen auch in der Nähe von Gewässern sehr gut gehorcht. Üben Sie das regelmäßig.

Darauf sollten Sie unterwegs achten

Vor allem junge Labradors neigen bisweilen extrem dazu, jeglichen Unrat zu fressen. Um das möglichst zu vermeiden, müssen Sie eingreifen, wenn der Hund den Unrat zwar wahrgenommen, aber noch nicht im Maul hat. Wie, hängt vom Hund ab. Bei hartgesottenen kann ein Schreckreiz durch eine Schepperdose, die neben den Hund fliegt, richtig sein. Einen »weicheren« Vierbeiner rufen Sie rechtzeitig zurück oder machen ihn mit spannender Stimme auf sich aufmerksam. Auch ein knurriges »Nein« kann helfen. Kommt der Hund aufgrund Ihres Eingreifens zu Ihnen, wird er ausgiebig gelobt und belohnt. Konnten Sie nicht rechtzeitig

reagieren und hat der Vierbeiner schon etwas im Maul, locken Sie ihn freundlich zu sich und tauschen gegen etwas Leckeres. Laufen Sie ihm nicht nach: Er flüchtet und frisst das Zeug dann besonders rasch. In extremen Fällen meiden Sie am besten Gebiete, in denen viel Unrat liegt, oder leinen Ihren Labi dort an. Mit zunehmendem Alter bessert sich die Unsitte meist. Labradors sind Wasserratten, aber nicht jedes Gewässer ist für sie geeignet. Trainieren Sie den Gehorsam so, dass Ihr Labrador auch am Wasser gehorcht. Denn eine starke Strömung, schlechte Ausstiegsmöglichkeiten, spitze Gegenstände unter der Wasseroberfläche oder eine nicht tragfähige Eisschicht können sehr gefährlich sein.

Ihr Labrador liebt es, Stöckchen zu bringen? Vorsicht! Läuft er dem noch fliegenden Stock hinterher, kann es leicht passieren, dass der Stock sich beim Fangen in den Rachen rammt und Ihr Hund sich dadurch schwer verletzt. Nehmen Sie ein Hundespielzeug, das ist wesentlich sicherer und sinnvoller.

Pubertät und Geschlechtsreife

Hört Ihr Labrador nicht, wenn Sie ihn rufen? Stellt er Regeln infrage? Schnell heißt es dann: Das ist ganz normal, er ist ja in der Pubertät. Manche machen angeblich sogar mehrere Pubertäten durch, was es natürlich nicht gibt. Es gibt beim Junghund auf dem Weg zur Geschlechtsreife Umbauarbeiten im Gehirn.

Das Spiel mit Stöcken kann für den Hund lebensgefährlich werden. Ignorieren Sie ihn, wenn er Sie damit zum Spiel auffordert. Verwenden Sie daher besser spezielles Hundespielzeug aus dem Fachhandel.

Aber das muss nicht zwangsläufig zur Folge haben, dass er temporär alles vergisst, was er vorher gelernt hat. Aber er wird erwachsener und damit auch ein Stück unabhängiger. Wie diese Zeit verläuft, hängt zum großen Teil davon ab, wie klar und konsequent Sie Ihren Labrador bisher erzogen haben und welcher Typ er ist. Bei einem führigen Labrador mit viel Will-to-please werden Sie bei guter Erziehung wahrscheinlich gar nichts merken. Ebenso bei einem nicht ganz so führigen, der Sie aber dank Ihrer Souveränität und systematischen Erziehung als übergeordneten Partner respektiert. Sind Sie dagegen nur der Kumpel Ihres Hundes und lesen ihm jeden Wunsch von den Augen ab, schlägt die Pubertät voll zu. Ganz besonders dann, wenn er auch noch von der dickköpfigen Sorte ist. Geschlechtsreif ist Ihr Labrador dann, wenn er als Rüde beim Pinkeln das Bein hebt und wenn Ihre Hündin läufig wird. Wann das sein wird, ist unterschiedlich. Manche Labradors sind schon mit acht Monaten geschlechtsreif, manche erst jenseits des ersten Geburtstags.

Rüpelhaftes Benehmen

Möchte er jeden Artgenossen planierraupenähnlich in Grund und Boden spielen? Manche Labradors registrieren gar nicht mehr, was der Artgenosse signalisiert. Für kleinere Hunde kann die Wucht eines Labradors durchaus gefährlich werden, größere Hunde nehmen sich Ihren Labi unter Umständen zur Brust, wenn

Belohnen Sie unsicheres, misstrauisches oder ängstliches Verhalten nicht, in dem Sie Ihren Hund mit Streicheln und entsprechender Stimme vermeintlich beruhigen oder »trösten«. Bleiben Sie entspannt und souverän. So geben Sie dem Hund Sicherheit.

er derart distanzlos ist. Konzentrieren Sie ihn mehr auf sich, und üben Sie gezielt, an anderen Hunden ohne jegliche Kontaktaufnahme vorbeizugehen. Auch wenn er »nichts tut«, werden Sie ansonsten bald Probleme bekommen. Dagegen hilft nur konsequentes Gehorsamstraining und bei Bedarf eine klare Ansage. Sorgen Sie für genügend sinnvolle Beschäftigung unterwegs, um den Hund abzulenken und seine Energien in geordnete Bahnen zu lenken.

Anspringen vermeiden

Freundlichkeit ist typisch für den Labrador. Doch zu viel Überschwang kann ein Problem werden. Springt Ihr Labrador jeden Mensch respekt- und distanzlos an und drängt sich auf? Auch das bringt viele Probleme. Beginnen Sie bei sich selbst, indem Sie ruhig mit ihm umgehen und ihn zum Beispiel nicht überschwänglich begrüßen. Möchte Ihr Junghund oder erwachsener Labrador Sie anspringen, drehen Sie sich kommentarlos um 180 Grad um und bleiben so lange stehen, bis er aufhört. Alternativ lassen Sie ihn sitzen, falls er einen guten Gehorsam hat und belohnen ihn auf ruhige Art für ruhiges Sitzen. Kommt Besuch, soll dieser den Hund komplett ignorieren, bis er sich ganz beruhigt hat. Reicht das nicht, binden Sie ihn etwas abseits der Wohnungstür an, bevor Sie sie öffnen. Der Besuch beachtet den Hund nicht. Erst wenn der Vierbeiner sich beruhigt hat, holen Sie ihn. Unterwegs hilft nur, ihn beim

Es gibt draufgängerische, aber auch eher vorsichtige oder unsichere Labradors. Schon beim Welpen lassen sich diese Eigenschaften meist erkennen, und so kann man von klein an entsprechend darauf reagieren.

Auftauchen von Passanten rechtzeitig (!) zu sich rufen und bei sich zu behalten. Lenken Sie ihn mit Leckerchen oder Spielen ab.

Misstrauen und Ängstlichkeit

Manche Labradors zeigen sich in der Zeit des Erwachsenwerdens, vorher oder auch darüber hinaus unsicher, ängstlich oder misstrauisch. Misstrauen zeigt sich darin, dass der Hund mit gesträubten Nackenhaaren unbekannte Dinge oder Personen verbellt und eventuell dabei auch darauf zuläuft. Meist sind das solche Menschen, die plötzlich einzeln auftauchen oder auffällig aussehen – mit Hut, Kapuze oder Rollator … – und Objekte wie eine auffällige Tonne oder etwas, was sonst nie an dieser Stelle war. Rufen Sie Ihren Hund rechtzeitig zu sich, und lenken Sie seine Aufmerksamkeit mittels Leckerchen oder Lieblingsspielzeug um. Labradors, die Fremdem gegenüber eher zurückhaltend oder gar ausweichend sind, sollten keine Streicheleinheiten aufgezwungen werden. Aber man könnte Fremde bitten, dem Hund Leckerchen anzubieten, und sie so »schön füttern«. Manche Sensibelchen reagieren bei optischen oder akustischen Einflüssen ängstlich. Je nach Ausprägung lassen sich solche Verhaltensweisen durch langsame Gewöhnung und Ablenkung mehr oder weniger gut beeinflussen. Bleiben Sie gelassen, und bestätigen Sie den Hund nicht unbewusst in seinem Verhalten durch beruhigendes Streicheln oder Reden.

Die Geschwister spielen beim Züchter noch ungestört. Im neuen Zuhause muss der Welpe lernen, dass er nicht mit jedem Artgenossen spielen darf und auch nicht jeder Hund mit ihm spielen möchte.

Der Macho

Rüdenverhalten, also abchecken, wer und wie der andere ist, etwas Imponieren oder auch mal Brummeln ist normal. Auch ein gewisses Interesse an Hündinnen gehört dazu. Dies alles lässt sich aber in der Regel durch guten Gehorsam kontrollieren. Schwierig wird es, wenn der Testosteronspiegel eines Rüden dauerhaft zu hoch ist. Ein solcher Rüde hat übersteigertes Interesse an allen Hündinnen, egal ob läufig oder nicht. Er ist nur schwer zu beeinflussen und kann sich kaum auf etwas anderes konzentrieren, wenn eine Hündin in der Nähe ist. Andere Rüden betrachtet er als Konkurrenten, verhält sich entsprechend provokant und neigt zu Auseinandersetzungen. So wird der Spaziergang rasch zum Stress, aber nicht nur für den Zweibeiner, auch für den Hund ist das Stress. Überprüfen Sie zunächst, ob Sie eventuell beim Gehorsam etwas zu nachlässig waren, und verbessern Sie ihn. Hilft das nicht, könnte man einem solchen Rüden einen Kastrationschip setzen lassen. Der senkt den Testosteronspiegel ähnlich wie eine Kastration und wirkt etwa ein halbes Jahr. In dieser Zeit können Sie sehen, ob sich das Verhalten Ihres Labis normalisiert. Falls ja, könnten Sie den Chip erneuern oder Ihren Rüden kastrieren lassen. Sie ersparen sich und vor allem Ihrem Labrador dadurch viel Stress. Eine Kastration ist aber kein Allheilmittel gegen lebhaftes Temperament, mangelnde Erziehung oder zu wenig sinnvolle Auslastung!

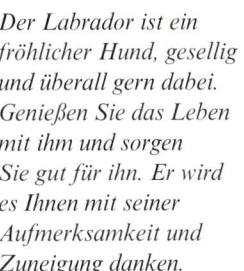

Der Labrador ist ein fröhlicher Hund, gesellig und überall gern dabei. Genießen Sie das Leben mit ihm und sorgen Sie gut für ihn. Er wird es Ihnen mit seiner Aufmerksamkeit und Zuneigung danken.

DANK

Was wäre ein Buch über den Labrador ohne Fotos? Aber dafür braucht es Labradorfans, die Zeit für das Shooting opfern und natürlich deren vierbeinige Hauptdarsteller. Deshalb danke ich an dieser Stelle allen Labradorbesitzerinnen und -besitzern fürs Mitmachen. Vor allem den DRC-Züchtern Petra Lau, Mirjam und Karl Dammer, Susanne und Reinhard Möller und Sabine Wolters-Arp für ihr Engagement. Ebenso ein Danke an die Züchter des LCD, Fürstin Marie Solms-Lich, Christina Jensen-Dankowski und Leonore Dittmer, für ihren Einsatz.

Ein besonderes Dankeschön geht an die Labradorfans aus meinem Freundes- und Bekanntenkreis. An Ingrid Feitl, die ihre drei Wochen alte Welpenschar fotografieren ließ. An Kristina Trahms, Ulrike Weber und Robert Fuchs, die nicht nur bei den Shootings mitmachten, sondern auch ihren Weg zum Labrador zu Papier brachten. Danke auch an die Kinder der Grundschule Mespelbrunn, die für ihren Lehrer Robert Fuchs und das Shooting sogar in den Ferien in die Schule kamen. Vielen Dank auch an Christina Areskough aus Schweden, die freundlicherweise die beiden historischen Fotos zur Verfügung stellte.

Katharina Schlegl-Kofler

Glossar

Apportieren Der Hund nimmt etwas (Dummy, Wild, Spielzeug) auf und bringt es in die Hand seines Menschen. Auch wenn es vorher nicht geworfen wurde, sondern nur »reizlos« am Boden liegt.

Blind Ein Dummy, das nicht sichtig (engl. blind) für den Hund ausgelegt wird. Der Hundeführer weiß, an welcher Stelle es liegt, der Hund weiß es nicht.

Bringfreude Die natürliche Veranlagung, ohne Training nahezu alles »Tragbare« aufzunehmen und voller Freude zu bringen.

CACIB/CAC Certificat d'Aptitude au Championat International de Beauté/Certificat d'Aptitude au Championat, Anwartschaften auf den Titel «Internationaler Schönheitschampion" bzw. auf einen nationalen Championtitel (z. B. Deutscher Ch.)

CACIT Certificat d'Aptitude au Championat International de Travail. Anwartschaft auf einen internationalen Arbeitstitel (z. B. Int. F. T. Ch.), wird auf Prüfungen im Rahmen einer echten Jagd vergeben.

CACT Certificat d'Aptitude au Championat de Travail. Anwartschaft auf einen nationalen Arbeitstitel (z. B. Dt. Jagd-Ch.), wird bei bestimmten jagdlichen Prüfungen.

Doppelmarkierung Nacheinander werden zwei Markierungen geworfen, je nach Leistungsklasse in weiterem oder engerem Winkel. Entweder gibt der Richter vor, welche der Hund zuerst holen soll oder der Hundeführer kann es sich aussuchen.

Dummytrial Ein Dummy Trial (engl. Mock Trial) ist im Prinzip dasselbe wie ein Field Trial (sh. S., aber statt mit Wild und während einer Jagd, mit Dummys und nachgestellten Jagdsituationen.

Fieldtrial (F. T.) Ein F. T. ist eine Prüfung während einer Jagd. Es gibt verschiedene Leistungsklassen ohne festgeschriebene Aufgaben. Welcher Hund wann, wie oft und was arbeitet, hängt von den Richtern ab. Es werden immer mehrere Mensch-Hund-Gespanne gleichzeitig aufgerufen, die dann in einer »Line« (also nebeneinander) auf ihren Einsatz warten.

Finderwille Die natürliche Veranlagung zu ausdauernder und gründlicher Arbeit bei der Suche nach einem Dummy oder Stück Wild.

Geländehärte Die natürliche Veranlagung, ohne extra Gewöhnung jedes Gelände anzunehmen, auch wenn es unwegsam oder unangenehm ist.

Hartes Maul Das Gegenteil von weichem Maul. Dummy oder Wild wird so fest gehalten, dass es beschädigt wird. Ein hartes Maul kann durch Veranlagung oder Fehler im Training bedingt sein

Line Linie. Mindestens zwei Mensch-Hund-Gespanne stehen oder gehen nebeneinander. Während ein Hund arbeitet, müssen der oder die anderen ruhig warten.

Markierung Das ist ein fliegendes Dummy, bei dem der Hund die Flugbahn und die Fallstelle je nach Schwierigkeit mehr oder weniger gut sehen kann.

Memory Ein Dummy wird ausgelegt, der Hund schaut zu. Er wird nicht sofort, sondern zeitversetzt geschickt, um es zu holen. Auch wenn er nicht beim Auslegen zugeschaut hat, eine Stelle aber von anderen Apporten kennt, ist das ein Memory.

Schleppe Man zieht ein Stück Wild (Ente, Karnickel) oder ein Dummy bis zu mehreren hundert Metern an einer Schnur hinter sich her und legt es am Ende ab. Man zeigt dem Hund den Anfang, er arbeitet die Schleppe allein und bringt Wild/Dummy.

Schussfestigkeit Ein Labrador ist dann schussfest, wenn er auf Schüsse interessiert oder neutral reagiert. Ist der Hund vor Erwartung ganz aus dem Häuschen, ist er schusshitzig, was unerwünscht ist.

Schussscheue Der Hund reagiert auf Schüsse mit Angst und entzieht sich der Situation. Bei leichter Verunsicherung ist der Hund schussempfindlich.

Showringe Mit Bändern abgegrenzte Areale auf Shows (Ausstellungen), in denen die Hunde vorgeführt werden.

Standruhe Der Labrador bleibt aufmerksam aber völlig ruhig an der Seite seines Menschen sitzen, wenn andere Hunde arbeiten, geschossen wird, Dummys fliegen usw.

Standtreiben Mehrere »Treiber« gehen lärmend durch ein Waldstück. Auch Dummys können geworfen werden. Die »Line« steht davor und schaut zu, anschließend gibt es Aufgaben für die Hunde. Auf Field Trials oder anderen Jagden wird dadurch das Wild hochgemacht.

Substanz Körpermasse durch Knochenstärke und entsprechender Beschaffenheit von Haut und Bindegewebe. Nicht selten auch durch zu viel Gewicht.

Walk Up Eine »Line« bewegt sich in langsamem Tempo vorwärts. Zwischendurch müssen die Hunde abwechselnd arbeiten.

Wasserfreude Die natürliche Veranlagung, ohne Gewöhnung gern ins Wasser zu gehen.

Weiches Maul Wild und Dummys werden so getragen, dass sie dem Hund zwar nicht aus dem Maul fallen, aber völlig unbeschädigt sind.

Will to please Die natürliche Veranlagung des Labradors, sich an seinem Mensch zu orientieren und mit ihm zusammenarbeiten zu wollen.

Workingtest Dummywettkampf (Einzel und Team) in verschiedenen Leistungsklassen und ohne Vorgaben zur Aufgabenstellung. Meist mit 5 Stationen. Es wird den Startnummern nach gestartet.

Register

Adressen, die weiterhelfen

Deutscher Retriever Club e. V. (DRC)
Dörnhagenerstraße 13
34302 Guxhagen
www.drc.de

Labrador Club Deutschland e. V. (LCD)
Overhagenweg 4
48653 Coesfeld
www.labrador.de

Verband für das deutsche Hundewesen e. V. (VDH)
Westfalendamm 174
44141 Dortmund
www.vdh.de

Federation Cynologique Internationale (FCI)
Place Albert 1er, 13
B-6530 Thuin
www.fci.be

The Kennel Club
1–5 Clarges Street
Piccadilly
GB-London W1J 8AB
http://www.thekennelclub.org.uk

Österreichischer Retriever Club e. V. (ÖRC)
Andrea Rameseder
Traunauweg 14
A-4030 Linz
www.retrieverclub.at

Retriever Club Schweiz e. V. (RCS)
Eos Rist
Wiesenweg 4
CH-5300 Turgi
www.retriever.ch

Registrierung von Hunden
Wer seinen entlaufenen Hund schnell wiederbekommen möchte oder ihn vor Tierfängern und dem Tod im Versuchslabor schützen will, kann ihn hier registrieren lassen:

Deutsches Haustierregister, Deutscher Tierschutzbund e. V
Baumschulallee 15
53115 Bonn
ww.registrier-dein-tier.de

TASSO e. V. Abt. Haustierzentralregister
65784 Hattersheim
Frankfurter Str. 20
Tel.: 061 90/93 73 00
www.tasso.net

Internationale Zentrale Tierregistrierung (IFTA)
Nördliche Ringstr. 10
91126 Schwabach
www.tierregistrierung.de

Deutscher Tierschutzbund Bundesgeschäftsstelle
Baumschulallee 15
53115 Bonn
Tel.: 02 28/60 49 60
www.tierschutzbund.de

Adressen im Internet
www.dok-vet.de
Tierärzte des Dortmunder Kreises (DOK)

www.tierklinik.de
Informationsportal für Tiermedizin mit Ratgeber, Notdienst- und Spezialistensuche

www.hunde.de
Infos rund um den Hund

www.spass-mit-hund.de
Beschäftigungsideen für den Hund

www.das-hundemagazin.de
Artikel und Tipps zu Erziehung, Pflege und Haltung von Hunden

Bücher, die weiterhelfen

Feddersten-Petersen, D. U.:
Hundepsychologie.
Franck-Kosmos Verlag

Fischer, H.: **Quickfinder Hundekrankheiten.** GRÄFE UND UNZER VERLAG

Grote, M.: **Dummytraining. Beschäftigung für jeden Hund.** GRÄFE UND UNZER VERLAG

Kohtz-Walkemeyer, M.:
BARF Für Hunde. GRÄFE UND UNZER VERLAG

Krüger, A.: **Besser Kommunizieren mit dem Hund.** GRÄFE UND UNZER VERLAG

McConnell, P. B.: **Das andere Ende der Leine.** Kynos Verlag

Schlegl-Kofler, K.: **Welpenerziehung.** GRÄFE UND UNZER VERLAG

Schlegl-Kofler, K.: **Rückruftraining für Hunde.** GRÄFE UND UNZER VERLAG

Schlegl-Kofler, K.: **Das große Praxisbuch Hunde-Erziehung.** GRÄFE UND UNZER VERLAG

Stein, P.: **Naturheilpraxis für Hunde.** GRÄFE UND UNZER VERLAG

Trumler, E.: **Mit dem Hund auf du.** Piper Verlag

Zeitschriften
Dogs. Gruner + Jahr, Hamburg, www.dogs-magazin.de

Der Hund. Deutscher Bauernverlag GmbH, www.derhund.de

Partner Hund. Gong Verlag, Ismaning, www.partner-hund.de

Unser Rassehund. Verband für das Deutsche Hundewesen e. V. (Hrsg.), Dortmund, www.unserrassehund.de

Die werden Sie auch lieben.

www.gu.de: Blättern Sie in unseren Büchern, entdecken Sie
wertvolle Hintergrundinformationen sowie unsere Neuerscheinungen.

G|U

Willkommen im Leben.

Impressum

© 2012 GRÄFE UND UNZER VERLAG GmbH, München

Projektleitung: Regina Denk

Lektorat: Ulrike Schöber, Dortmund

Bildredaktion: Daniela Laußer, Petra Ender (Cover)

Umschlaggestaltung und Layout: independent Medien-Design, Horst Moser, München

Herstellung: Sigrid Frank

Satz: Knipping Werbung GmbH, Berg/Starnberg

Reproduktion: Longo AG, Bozen

Druck: Firmengruppe APPL, aprinta, Wemding

Bindung: Firmengruppe APPL, m.appl, Wemding

ISBN 978-3-8338-2600-9
1. Auflage 2012

Umwelthinweis

Dieses Buch ist auf PEFC-zertifiziertem Papier aus nachhaltiger Waldwirtschaft gedruckt.

Bildnachweis Labrador

Cover und Rückseite: Debra Bardowicks

Alle Bilder im Buch: Debra Bardowicks mit Ausnahme von: Ardea: 83; DK-Images: 19-2; Fotofinder/Naturfoto online: 22; Fotofinder/Wildlife: 98/99; Getty Images: 8/9, 19-4, 26, 115, 134/135; JGHV: 48; Heiner Orth: 5, 38/39, 45-1, 45-2, 49-1, 49-2, 54, 55, 97, 102/103, 129; Privat: 12, 14

Syndication: www.jalag-syndication.de

Wichtiger Hinweis

Die Informationen und Empfehlungen in diesem Buch beziehen sich auf normal entwickelte, charakterlich einwandfreie Hunde. Wer ein schon erwachsenes Tier bei sich aufnimmt, muss berücksichtigen, dass dieser Hund bereits vom Menschen geprägt ist und bestimmte Gewohnheiten hat. Er sollte sich vor der Kaufentscheidung unbedingt damit bekannt machen. Bei Hunden aus dem Tierheim können Pfleger und Tierheimleitung oft Auskunft über die Vorgeschichte des Tieres geben. Bei erwachsenen Tieren vom Züchter sollte dieser Ihnen alle nötigen Informationen geben können. Auch bei einem gut erzogenen und sorgfältig beaufsichtigten Hund lässt sich das Risiko nicht völlig ausschließen, dass er Schäden an fremdem Eigentum anrichtet oder sogar einen Unfall verursacht. In jedem Fall ist ein ausreichender Versicherungsschutz zu empfehlen.

Ein Unternehmen der
GANSKE VERLAGSGRUPPE